一生都受用的
客戶經營學

作者——劉教授

教你如何精準抓住顧客心理

和劉教授同事近30年，工作上合作近15年，深受他的言教與身教影響，有幸被他淨化而提升不少，獲益良多。

　　劉教授事親至孝、熱心助人、人品端正、始終如一。他對待同事與客戶均獲得一致好評，非常期待劉教授出版的《一生都受用的客戶經營學》著作，分享給讀者，讓讀者學習正確的待人處事態度，才能贏得同事與客戶的信任，提升同事（內部客戶）及客戶（外部客戶）的滿意度，建立個人品牌正面形象，取得客戶的忠誠度，進而獲取財務績效，達成組織績效。

　　近距離觀察客戶對劉教授的評價，常聽到的評語：亦師亦友、為人真誠、熱心助人與人為善、既專業又令人感動的服務、孝順又善良……自己曾親身體會劉教授的服務，也是感觸良深。雖然同樣在第一線從事銀行業務服務工作，但是很難達到他的境界。不是表層膚淺那種服務，而是有溫度又深植人心的感動人的服務，令人難以忘懷，像是穿透人心產生共鳴的服務。

　　劉教授把這種服務寫成書，本書提供許多社會科學的理論基礎及評量工具，加上劉教授近30年的實務經驗，這是一本結合理論與實務的工具

書,值得讀者細細品味與參考。閱讀本書就如同閱讀劉教授的為人處事與待客之道,也是反思自己,與自己人生對話的書籍。當讀者細讀劉教授的書,如同接觸他的人一般,你就能感受他的內心世界,如沐春風找回自己的初心,你能感受他身上流淌的熱血,有股單純質樸的善意,如春風化雨般的溫暖,這本書值得推薦給各位讀者。

最後,恭喜本文刊印,祝福劉教授母親闔家平安健康,幸福快樂。

范姜光男
亞克事業股份有限公司 董事

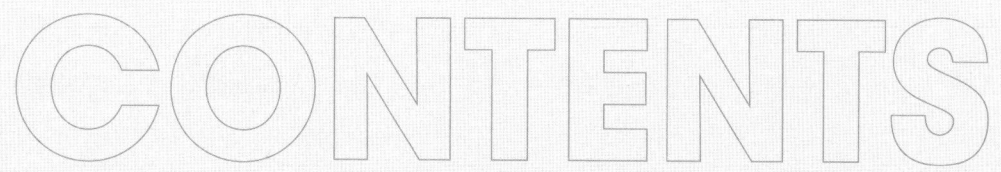

個人自民國 100 年博士班畢業後，就在學術及工作中鑽研金融行銷及客戶關係管理的議題，每次在大學部及研究所開課時，必然造成學生大量選課，另外在金融行銷及客戶關係管理的演講也博得好評，所以個人期許這本書能培育更多的金融行銷人才，和更多客戶關係管理的顧問。

本書在整體內容上有以下四大特色：
（1）理論與實務結合

本書最大的特色是當遇到問題或議題時，因個人除具理論與研究背景外，更擁有豐富的金融機構實務背景及學者背景，所以每項議題皆能提供理論與實務的結合與應用。

（2）數位行銷與新的商業模式之結合

該書除了完整說明如何經營客戶關係管理外，在經營新的商業模式及數位行銷上，皆能補足或是打破過去傳統的行銷模式。

（3）適合學界與業界使用

該書因具有理論與實務的結合，所以在學界上適合學生閱讀，因為可以銜接學生畢業後的工作，在業界上是非常適合銀行、保險、建設、營造、代銷、仲介及銀行業務人員使用。

（4）涵蓋範圍廣博

個人因為長期在大學授課金融行銷及客戶關係管理的課程，並長期在學界及業界專題演講和教育訓練，所以對於金融行銷的知識非常扎實，對於客

戶關係管理的實務經驗也非常了解，相信該書的資料及應用範圍非常廣博。在實務操作上也說明的非常清楚，故對於讀者未來的應用及使用將會產生莫大助益。

　　寫書是一件非常浩大且辛苦的工程，先前撰寫第一本不動產書籍是為了紀念過世的父親，紀念父親對於我的培育及教導。這本書是我父親在他生前告訴我在經營客戶時，必須要誠實及真實，做事要踏實及務實，所以寫這本書是秉持父親待人處事的初衷，以及我對於工作上的執著及經驗的累績，因而執筆分享。期許這本書對於客戶經營及客戶管理有興趣的讀者，能提供更多的幫助。

劉教授　謹誌
2025 年 3 月

Chapter 1　經營客戶關係前要先認識自己並且了解客戶

1　認識自己及了解自己 ———————————————————— 012

2　透過人格類型的理論及評量工具找到適合自己職業 ————— 017

3　內部行銷、外部行銷與互動行銷 ————————————— 028

4　認識環境及選擇環境 —————————————————— 030

Chapter 2　客戶關係行為的觀念

5　關係行銷及行銷的演進 ————————————————— 036

6　從行銷 4P、新 4P 到行銷 4C —————————————— 040

7　關係行銷的連結方式 —————————————————— 050

Chapter 3　客戶關係管理內涵及目標

8　管理顧客的能力 ————————————————————— 059

9　行銷客戶的能力 ————————————————————— 063

10　創造客戶價值的能力 —————————————————— 069

11　客戶生命週期能力 ——————————————————— 075

12　客戶關係管理的效益及目的 —————————————— 080

Chapter 4　消費者行為

13　解析消費者行為 ———————————————————— 088
14　網路對消費者行為的影響 ———————————————— 092
15　消費者動機 —————————————————————— 096
16　消費者購買決策 ———————————————————— 101

Chapter 5　如何做好銷售及顧客旅程

17　銷售客戶及服務客戶的顧客旅程流程 —————————— 110
18　公司及個人的目標客戶是誰？以及客戶在找什麼？ ———— 112
19　你的目標客戶在哪找你及何時想到你？ ————————— 115
20　你的目標客戶為何選你？以及如何聯繫你？ ——————— 117
21　建立個人品牌是銷售成功的關鍵 ———————————— 124
22　打造個人服務品質能提升客戶顧客旅程 ————————— 127

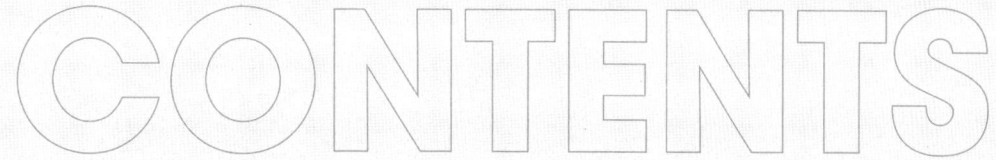

Chapter 6　數位行銷與客戶關係管理

23　數位行銷是什麼？和傳統行銷的差異性 ……………………………… 134
24　數位行銷目的及使用數位行銷工具 …………………………………… 138
25　除了傳統行銷及數位行銷外，更重要的是服務 ……………………… 150

Chapter 7　如何利用商業模式執行客戶關係管理

26　公司商業模式及個人的商業模式是什麼 ……………………………… 158
27　明確的價值主張是顧客管理的核心 …………………………………… 168
28　數位時代的商業模式：一站式顧客服務（含一條龍服務） ………… 173

Chapter 8　如何處理客訴及危機處理

29　常見的客訴類型 ………………………………………………………… 182
30　處理客訴及危機處理的技巧 …………………………………………… 185
31　客戶客訴要分級管理 …………………………………………………… 188
32　處理客訴及危機前必須要了解的工作態度 …………………………… 191

| 目錄 |
CONTENTS

CHAPTER

經營客戶關係前要先認識自己並且了解客戶

　　懂得問問題、了解客戶並找到客戶的需求,都是銷售客戶及客戶關係管理的重要法則。但在了解顧客前,必須先了解自己,因為你的心理素質是影響客戶的首要關鍵。舉凡言行舉止、人格特質、內外向、自信及態度,都會帶給客戶不同的感受。由於每個客戶的屬性都不一樣,加上和客戶通電話及見面的前五分鐘,都是決定客戶對你的第一印象,所以如何突破客戶的心防及建立對客戶的信任,是客戶關係管理的第一門課。

　　所謂成交前先要結交客戶的心就是這個道理,然而你有和自己的內心對話嗎?例如你的個性喜歡業務或行銷這份工作嗎?你會經營和客戶的關係嗎?在本章節將會告訴讀者在認識客戶之前必須先認識自己,因為未來不管你選擇什麼產業的公司、職位和薪水等,都沒有對錯,由於每個人本來就會因為環境不一樣而有不同的成長背景,加上一路上所受的教育及學

習都不一樣，所以每個個體都形成不同的價值觀及不同的個性，所以對於未來工作有不同的想法及期待。這也是為什麼「了解自己」非常重要，因為當你了解自己，你才可以透過自己幫助客戶，唯有了解自己及選擇適合自己的工作，才能有自信及有責任感的經營客戶及服務客戶。如同甘地說的：「速度不重要，如果你在錯的方向上」，也就是當沒有明確的工作目標，對自己的職業生涯沒有做好規劃，也只是盲目地工作及應付客戶。

認識自己及了解自己

-
-

我們常常在學校畢業後，對於要找工作或是繼續念書都曾經感到迷惘，可能迷惘自己到底是個什麼個性的人？到底想做什麼工作？到底是內勤還是外勤？是小公司還是大公司？是本土還是外商？所以正確地認識自己及了解自己，是未來職業規劃的第一步，未來職業規劃好才能好好地經營客戶關係。客戶包括內部顧客及外部顧客，內部顧客就是自己公司的同事或是你的主管，因此即使你從事內勤，你也會遇到內部顧客關係管理的問題。經營內部顧客也是一項要學習的課題，如你的公司或是組織、你的同事與主管，甚至你的客戶與供應商。所以懂得如何認識自己及選擇自己有興趣的工作，未來工作順不順利的關鍵不在於做法而是選擇，後續單元也將逐一探討如何透過 Holland 的人格特質、職業選擇理論及 MBTI 人格特質理論，來了解自己的人格分析及自我覺察，透過了解後找到最適的競爭優勢及生涯發展。另外 Holland 對個體的性格類型是加以統計研究後，將個體性格類別區分成六大類並配合性格類型，來認識自己及確認選擇適合自己的工作。而 MBTI 也是透過測驗，從四個緯度進行二分法而產生 8

個指標及 16 種人格特質,來了解自己。後續單元將利用這兩個理論選擇適合自己的工作,但本單元將透過認識自己及職涯工作選擇讓自己天賦結合興趣。

✚ 表 1:如何認識自己及選擇自己的步驟及過程

如何探索	探索方法	內容
認識自己一	自我興趣	發掘興趣是一個過程,必須不斷透過勇氣、體驗、嘗試及實作,才能找到最適合自己的興趣與天賦
認識自己二	自我優勢	透過不斷探索及體驗來了解自己的專長、才華及優勢,如此才能選擇自己擅長的工作領域中
認識自己三	自我目標	設定目標必須是可行性及有效性,並將目標拆解成若干小目標,讓目標具有完成及挑戰
認識自己四	自我成長	透過好習慣及堅持的紀律,不斷在過程中克服挫折及努力嘗試,努力參與每個成長階段及實現自我管理
認識自己五	自我覺察	看清自己、發現自己及了解自己,讓自己每個階段探索、改變及成長
認識自己六	自我價值	在個人生活和社會活動中,對社會、教育,甚至國家作出貢獻

✚ 表2：職涯發展中的工作選擇及工作價值觀

如何選擇	探索方法	內容
選擇一	選擇比努力重要	若能選對公司及選對部門 遠比對毫無興趣的職業來努力工作有用
選擇二	環境比學習重要	選擇學習及專業固然重要 但環境會影響學習及專業的延伸
選擇三	人品比人才重要	企業最大的資產是人才 選人不當，人才成為企業負債 人才的品德比專業能力更重要
選擇四	效果比效率重要	效果是做對的事及效率把事情做好 若效果不對在改善效率
選擇五	目的比目標重要	必須先設立目的，再設定實際目標 將目的落實為目標，並且具體的
選擇六	價值比價格重要	在個人生活和社會活動中，對社會、教育，甚至國家作出貢獻

資料來源：作者自行整理

案例問題 1-1-1

　　通常擁有理工背景的人員，邏輯能力及推演能力較好，通常負責系統開發與維護；對於數字敏感、心思細密的同事，也會負責財務與會計；另外很會經營社交及外向個性的人，會負責開拓客源的行銷人員及銷售人員。但是甲公司想改變過去的思維，將每個部門具理工背景的同仁調至業務部門，這次負責的同仁包括系統部 A 男、研發部 B 女、精算部 C 男、開發部 D 女及資訊部 E 男，統籌由業務部副總訓練，經過 3 個月後有研發部 B 女及開發部 D 女提出異動申請，經詢問後發現興趣不合，對於工作內容產生不了成就感，但經過業務副總溝通及協調後暫時打消異動念頭。但又經過 1 個月後研發部 B 女、開發部 D 女及精算部 C 男，均提出辭呈並且堅持離開，經了解後仍表達除了興趣不合外，也和自己的個性、目標及價值觀不一樣，並且也找到新的工作。由於公司想利用人員創新及輪調的方式培育人才，但最後卻是失敗收場，因此該公司總經理非常重視這次事件，並且請稽核部及人資部負責了解。經過兩週訪談及深入了解溝通後，最後有一位同仁留任並回到該同仁原任職單位，並且將相關問題處理後回報總經理，其結果分析如下。

案例討論 1-1-2

1. 環境比學習重要：

過於集中有理工背景的同仁，因為同仁都對於學習有興趣，但由於此專案為試行單位，應該也必須涵蓋其他非理工的同仁加入，讓環境更多元，氛圍更為活潑。

2. 選擇比努力重要：

由於這五個部門所挑選之人員，並非該部門同仁自己選擇的，另外所挑選人員都並非是該部們最好的人員，因為每個部門的主管會考量自己及部門的利益，所以這五位同仁不是因為自己的選擇和有興趣的原因輪調，對於公司原本的美意會大打折扣，另外建議每個部門要輪調時，最好是該部門經歷及歷練較多之同事。

3. 目的比目標重要：

對於公司輪調的目的是希望培育人才，但是每個部門主管隨便派任一位同仁，所以在目的與目標之觀念連結不一致情況下，最後是公司與員工雙輸的結果。

4. 價值比價格重要：

如何提供消費者主張，是你不需要什麼都有，而是選擇你覺得真正有價值，讓價值比價格重要就足夠了。因此必須強調溝通產品價值，並體驗產品的內在價值，而不是宣傳價格及討論價格價值，讓價值決定顧客的付款意願，而非價格，因此產品真正的價值，是成功產品定價的關鍵。

透過人格類型的理論及評量工具找到適合自己職業

1985 年 John Holland（何倫）教授提出性格、興趣及職業之間的對應關係，並將職業進行分類，John Holland 教授認為過去經驗的累積，加上人格特質將影響個人職業的選擇。同樣的職業將吸引有相同經驗及人格特質的人，經過 20 多年的學者及業界的修正和建議，這個理論及系統可以說是目前最被肯定及認同的職涯探索工具與職業分類體系之一，可以用來協助學生選填自己喜歡的志願科系。

何倫教授的理論認為，人格特質與職場環境可以區分為 RIASEC 6 種類型（表 3），可以藉由自己的類型選擇人格特質相近的工作環境，讓人們更容易適應環境及職場。並且藉由自己的類型及人格特質，可以掌握和公司內部（同事或是主管）和公司外部（客戶）很好的互動關係，這種互動關係也可以說是客戶關係管理中最重要的起步及基礎，因為好的互動關係才能在公司內部資源間充分利用及相關部門間的互相支持，所以透過人格類型的理論及評量工具可讓同仁（員工）找到適合自己職業，並且協助企業（公司）讓同仁（員工）建立和客戶很好的客戶關係管理，進而銷售

商品。

+ 表3：Holland（何倫）的6種人格類型

人格特質	人格傾向	適合職業
實用型（R）	熱愛實際動手做或以身體勞動完成的事物，在工作上講求實際、具體	一般勞工、工匠、機械師及線上操作員
研究型（I）	喜愛研究性性質的職業或情境，善於解決問題	研發工程師或是學者
藝術型（A）	重視創造、創新與表達	詩人、小說家、音樂家
社會型（S）	注重以人為本，樂於關心、並照顧他人，具有同理心	中小學教師、輔導人員或是社會工作者
企業型（E）	往往自信且渴望挑戰，並擅長制定與執行計畫	推銷員、政治家、電視製作人員及業務人員
傳統型（C）	對於固定的規則與標準程序感到安心，而注重細節是他們給人的印象	會計人員、銀行行員、行政助理、秘書、文書處理人員

資料來源：Holland（何倫）理論及自行整理

所謂安內才能攘外，因為藉由人格特質在職業上的匹配下，內部顧客關係容易處理好，相信內部顧客將會提供你外部顧客最好的支援及後盾，相信你就是客戶關係管理的佼佼者。同樣的道理，企業內部的員工才是公

司最珍貴的資產，若是能全心照顧內部顧客（員工）。當員工滿意度高時，就願意為企業盡心付出，其所帶來的效應將是乘數效果，也就是外部的客戶服務也相對提升，相反的反而造成降低（圖1及表4）。

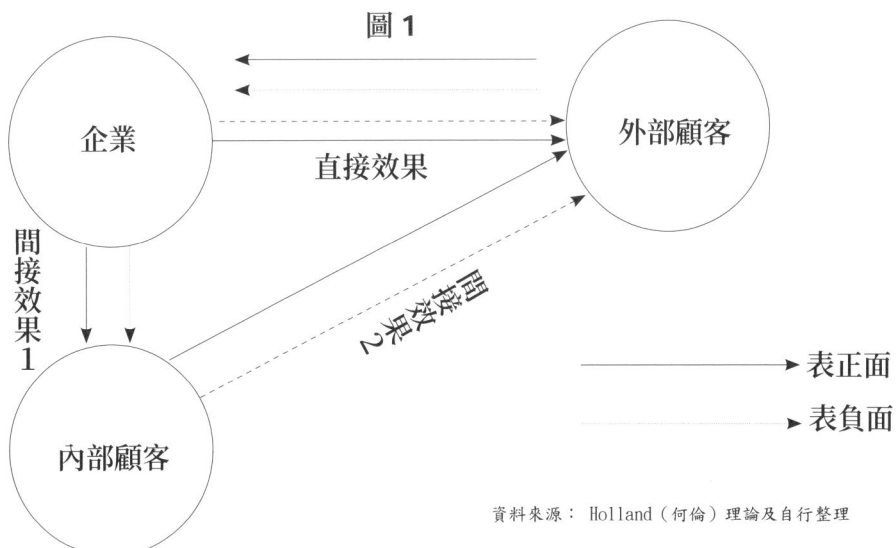

資料來源：Holland（何倫）理論及自行整理

　　成功的顧客關係管理對於企業的持續成長及員工成長有著顯著的影響，因為除了可以提升企業建立品牌形象外，更可以讓企業培養一群穩定的忠實顧客及內部員工，並且可以讓企業獲利穩定成長，及進而增強員工對企業的信心，而提高員工留任率及面對顧客將提供更好的服務，形成一個企業（公司）、員工（內部顧客）及顧客（外部顧客）間良好的正向循環及關係。

（1）內部顧客：

內部顧客是指企業內部中，各部門之間的業務交流。基本上，內部顧客之間的關係是一種利益共同體及彼此競爭者，因此如何在這種相互協作及競爭中取得最高效益，就必須要先要掌握彼此的需求及利益。企業（公司）對內部顧客（公司員工）若產生正面時（如照顧員工）將會產生正的實線（──）之正效果，反之企業（公司）對內部顧客（公司員工）若產生負面時（如責罵員工）將會產生負的虛線（……）之負效果，參考上圖1。

（2）外部顧客：

外部顧客是指組織外買受產品或接受服務的對象，這對象也就是一般所指的外部顧客。影響客戶形象主要有兩個部分，主要部分（直接效果）為該企業在外部客戶的形象及行銷廣告所產生的印象，次要部分（間接效果）為當企業（公司）對內部顧客（公司員工）產生正效果服務時，同樣的內部顧客（公司員工）也會產生正效果服務外部顧客，反之為負效果，這樣企業（公司）也因為透過內部顧客（公司員工）的服務產生間接的正負效果，所以企業（公司）對於內部顧客（公司員工）的服務之重要性將不能等同視之，而必須認真考量企業（公司）對內部員工的反應及建議。其建議包含公司員工的福利、公司制度、公司獎勵及對待員工的公平性等，為了深入及探討了解企業（公司）、內部顧客（公司員工）及外部顧客（客戶）之間彼此的效果，表4將會透過三者彼此之間的直接效果及間接效果

而產生最後的總效果，其總效果為正的或是負的效果，端視三者彼此之間的交互作用及彼此之間的抵減後所產生的效果。

企業（公司）爭取一個新顧客的成本是保留老顧客成本的 5 倍；因此一家企業（公司）降低公司 5% 的顧客流失率，其利潤就能增加 25% 以上，由此可知良好的顧客關係不僅能降低成本，更能創造公司最大的利潤。所以不僅公司對於客戶的形象及感受非常重要外（直接效果），最主要還是公司內部的員工對顧客產生的服務（間接效果），進而產生對公司的形象，由於顧客服務應以顧客為導向，服務商品的開發也須符合顧客需要，加上顧客服務是由人來傳遞及人來傳達公司正面形象，因此人在整個服務過程中就扮演非常重要的角色，所以公司對於員工的照顧及發展就非常重要。

（3）直接效果：

公司對於顧客的形象及信譽，是直接影響顧客是否購買該公司最主要的考量，例如國泰建設的房子通常較其他建設房子貴，就是國泰建設建立起對顧客的品牌形象（如營造品質好、售後服務好、誠信、負責及創新等）。

（4）間接效果：

顧客對服務的評價攸關著企業（公司）績效的優劣，一般而言，服務

人員（員工）展現的正向情緒，可以提高顧客正面感受與再購意願（間接效果），因此企業（公司）對內部員工的服務及福利會攸關內部員工對於顧客的服務（間接效果）。

＋ 表4：企業在選擇對待內部顧客及外部顧客的效果

人格特質	人格傾向	適合職業
企業選擇（A）	內部顧客好	產生乘數效果好（結果1）
	外部顧客好	
企業選擇（B）	內部顧客不好	產生加速效果抵減後稍好（結果2）
	外部顧客好	產生加速效果抵減後稍不好（結果3）
企業選擇（C）	內部顧客不好	產生乘數效果不好（結果4）
	外部顧客不好	

資料來源：作者自行整理

（1）企業選擇（A）方式：

對待內部顧客及外部顧客好，將產生乘數效果（結果1）而產生總效果好。

（2）企業選擇（B）方式：

通常企業會對待內部顧客的好少於外部顧客的好，但仍有部分企業對待內部顧客的好多於外部顧客的好。當員工對待外部顧客的效果產生負效果，雖公司對待外部顧客優惠、形象及廣告促動下產生正效果，但在員工因公司對待不好而招致對外部顧客的服務產生負效果，而負效果大於公司對待顧客正效果，其最後總效果為負（結果3）。反之負效果小於公司對待顧客正效果，其最後總效果為正（結果2），此時公司內部需調整對待內部員工的抱怨與建議；若產生總效果為負，則必須調整公司內部制度或是調整公司內部主管的異動，以降低公司內部員工的反彈。

（3）企業選擇（C）方式：

對待內部顧客不好，對待外部顧客也不佳，當然所產生的乘數效果之總效果將會更不好（結果4）。不僅會造成內部顧客流動率增加，甚至造成組織文化或是公司形象不佳，另外外部顧客除降低購買意願外，甚至造成原本舊有客戶離開，在這雙重壓力及負面影響下，會造成公司虧損甚至倒閉退出市場，所以這種企業選擇（C）方式，通常企業都是面臨淘汰的命運，或是組織員工大量流失。

MBTI（Myers-Briggs Type Indicator，簡稱 MBTI）是美國作家伊莎貝爾・邁爾斯 Isabel Myers 與女兒凱瑟琳・布里格斯 Katharine Briggs 共

同創建而成的人格測驗及職業測驗，並且以思維結構、行為方式與個性偏好為基礎的指標，將人格區分成 16 種類型。另外 MBTI 是透過測驗中四個緯度進行二分法而產生八個指標（表5）及 16 種人格特質的功能及傾向。因此 MBTI 測驗常被許多企業廣泛運用在職場性向測驗之中，除了可以提供員工自我測驗人格特質及員工發展外，也可以讓公司檢視員工的測驗結果是否符合該職位所需具備的特質，與在部門中能否發揮所長。因此本單元除了先前 Holland 職業代碼中的 RIASEC 中六種職業類型介紹及說明外，也希望透過 MBTI 性格測驗剖析職業的特性，及分析人格適用何種工作，讓每一位同仁都能發揮自己最佳的工作境界及工作效率，並充分發揮能力的機會。

╋ 表5：4大性格八大指標

四大性格	八大指標	
精力支配／E，I（態度個性）	（1）外向型（Extraversion）／E 可以從對方互動及溝通中 中取得動力	（2）內向型（Introversion）／I 藉由反思自己即透過感受和內化而行動
獲取資訊／S，N（理解資訊）	（A）實感型（Extraversion）／S 喜歡透過感官來獲取資訊，如看得到及聽得到	（B）直覺型（iNtuition）／N 傾向用洞察力和靈感的直覺來接收資訊

判斷事物／T，F （思考情感）	（甲）理性型（Thinking）／T 以客觀及合理數據和具有邏輯性的推理來分析事情	（乙）感性型（Feeling）／F 做決定時較在乎他人需求而達成共識
生活態度／J，P （解決能力）	（子）判斷型（Judging）／J 偏好有計劃及有秩序的處理方式	（丑）感知型（Perceiving）／P 偏好保持彈性而不受計畫影響

資料來源：作者自行整理

透過（表6）四大性格精力支配之（1）外向型、（2）內向型，獲取資訊（A）實感型、（B）直覺型，判斷事物（甲）理性型、（乙）感性型，及生活態度之（子）判斷型、（丑）感知型等4大性格8大指標，共組成16種的人格特質，其組成16種人格特質說明如下參考表6，提供讀者了解適合自己的職業及職業發展的特質。

+ 表6：16種人格特質及解析

人格解析	16種人格特質			
SP／現實主義者	ESTP 挑戰者 不怯場抗壓	ESFP 表演者 反應關係好	ISTP 鑑賞家 邏輯分析強	ISFP 藝術家 具體會他人
SJ／社群主義者	ESTJ 督察型 具管理監督	ESFJ 主人型 做人談圓融	ISTJ 會計型 具規劃周密	ISFJ 守衛者 為他人服務
NT／理性主義者	ENTJ 指揮官 按計畫執行	ENTP 辯論家 具好奇創新	INTJ 建築師 重思考推論	INTP 學者型 具追根究底
NF／理想注意者	ENFJ 教育家 熱情同理心	ENFP 記者型 具創意點子	INFJ 諮商師 具協助他人	INFP 夢想家 善解及創意

資料來源：MBTI理論及自行整理

案例問題1-2-1

　　MBTI 測驗最近在韓國與日本備受討論與關注，因此近來在國內大企業選用員工及任用人才均採用該工具，使用人格測評工具，可以讓公司評估員工的心理偏好和性格特徵，並協助員工了解自己的性格、興趣、價值和行為傾向，以便讓員工升任主管後，可以學會和團隊溝通、公司決策和團隊的人際關係。

　　某 A 公司因為規模擴大急需多位主管，因此利用 MBTI 工具選拔人才。經選拔後任用甲男、乙男及丙女升任為主管，這三位主管在派任主管後，因未受到公司內部的管理訓練及教育訓練，故在經過半年後三位基層主管有兩位遞出辭呈，由於遞出辭呈必須經過公司內部離職手續及提供離職原因，所以公司總經理要求公司內部要提出檢討報告及改善原因，經過內部幕僚深入調查後提出相關報告及檢討原因，說明如下。

案例討論 1-2-2

1、MBTI 工具不能保證未來的你之個性：人都是會不斷的變化，因為每天的你都會與昨天的你不同，MBIT 性格測驗只被看做當時某人在某個時期的證明，而無法推論某人在未來的個性及性格是不會改變的，因為每個人在工作上及生活上的歷練及經驗都會讓人改變。

2、MBTI 只涵蓋了部分性格特質，忽略了其他重要的面向： MBTI 僅僅是從四個二元對立的指標出發，來分析個人的性格特質及職涯發展，而忽略了其他重要的心理因素，例如價值觀、道德觀、學習動機及從小成長背景等，這些因素都會影響 MBTI 的判讀，因此若公司內部重視人才培育及關心員工，會將員工的價值觀及員工個人特質及興趣同時考量。

3、MBTI 只能讓公司選才，但後續公司要懂得育才及留才： 企業為了獲利而生存與永續，故會選才以擴大規模以獲利，其績效需要各單位主管做出貢獻，因此貢獻就是主管要求每位同仁的具體成果。但升任主管後對於同仁的要求與管理往往不能勝任，故公司或是高層主管必須正視基層主管的壓力並從旁協助，不能只依賴 MBTI 選拔人才後就不再關心員工的心理素質及績效壓力。

內部行銷、外部行銷與互動行銷

在金融及服務行銷中，Carl Albrecht 曾提出服務金三角 (圖2) 的概念，他認為要想讓顧客享受服務的完美體驗，服務金三角中任兩個元素間的互動都相當地重要。另外 1995 年中學者 Mary Jo Bitner 也提出「服務行銷金三角」，是指公司、顧客及服務提供者（即員工）三者，彼此間互有關聯且相互影響。在公司與顧客之間，是透過外部形象及廣告來抓住客戶；另外互動行銷，就是員工透過行銷與服務，來提升服務客戶的服務形象及品牌形象，甚至是個人的品牌形象。

圖2：內部行銷、外部行銷與互動行銷

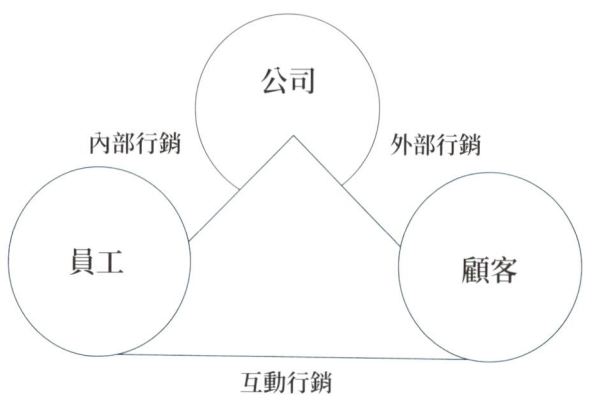

（1）內部行銷：

內部行銷則是將公司內部員工視為內部顧客，將行銷策略運用於內部顧客，滿足內部顧客之需求，目標是希望員工提供較好的服務給外部顧客。

（2）外部行銷：

外部行銷為傳統之行銷概念，針對外部顧客的需求，設計行銷策略，以取得外部顧客滿意為目標。

（3）互動行銷：

顧客進入服務場域與現場員工進行互動並接受服務的過程，所進行的便是互動行銷；在互動行銷的過程中，顧客除了接受員工所提供的服務以外，最重要的任務就是要「驗證」企業在外部行銷過程中，在顧客心中所建立的「期望」。

認識環境及選擇環境

人的一生要面臨許多選擇，從求學、考試、就業及工作都需要面對，甚至轉職也都面臨許多選擇。另外包括生涯規劃及人生都可以說是一生的選擇及未來的課題，因此我們必須如同先前所說要認識自己及了解自己，因為唯有認識自己才有能力認識環境及選擇工作環境（參考表 7），也唯有認識自己才可以了解個人規劃及生存價值。個人規劃包括畢業後自己要選擇公司規模大小（參考表 8），到底是大公司好還是小公司好？了解自己的興趣適合什麼樣的產業（參考表 9）。工作一段時間後就更可以了解自己的生涯規劃，因此認識自己是可以加深自己認識環境後，然後選擇自己訂定目標，及探索自己做不同的生涯選擇。例如要在本土或是外商的工作環境工作（參考表 10），做出更明智的決定及更適合的選擇。當工作選擇及生涯選擇都準備好，也要特別留意工作和生活之間的平衡，以保持自己身心健康，也要學會維繫人際關係，才能在身心靈上取得更大的平衡，認識自己除了能選擇到適合的工作及好的生活，更能了解自己工作的本質及生命的意義。

+ 表 7：認識自己及選擇工作環境

工作環境	以人為本	以績效為本
工作特質	強調以人為中心，重視人性關懷（包含客戶與團隊）為主的組織	強調以數字為中心，重視績效導向（包含客戶與團隊）為主的組織
工作導向	關心部屬成長	重視公司成長

資料來源：作者自行整理

+ 表 8：認識自己及選擇公司規模

公司規模	大公司	小公司
工作特質	大公司福利多及制度較健全，但分工較細	小公司制度較不完全但比較彈性，由於分工不細，所以事情較多，要學習的也較多
工作導向	大公司學做人，因為大公司部門很多，所以開會討論及協調都必須要學會溝通	小公司要學會做事，因為公司人數少，所以每個人都必須兼任其他工作，小公司可以學會許多經驗
教育訓練	較為完整	較為不完整

資料來源：作者自行整理

+ 表 9：認識自己及選擇產業

工作產業	金融業	科技業
工作特質	金融業相較其他產業穩定，加上若是官股銀行就更為穩定	由於科技業的變化較快，所以需要不斷學新的技能，才能跟上科技業的腳步
工作性質	銀行、保險及證券	電子、電機及資訊

資料來源：作者自行整理

✚ 表１０：認識自己及選擇本土或是外商

公司規模	本土	外商
工作特質	數字導向及業績壓力較小，工作腳步不如外商快及較有人情味	數字導向及業績壓力大，由於外商工作腳步快，所以較缺乏人情味
工作具備	具備團隊合作精神及溝通協調態度，另具學習意願及主動積極表現更佳	具備工作抗壓性及表達能力好者較佳，另學習速度要快，並主動積極表現，需具獨當一面的處理能力
學習／輪調	部門輪調較慢	部門輪調快

資料來源：自行整理

※ 本章重點導覽

1、懂得問問題、了解客戶及找到客戶的需求，都是銷售客戶及客戶關係管理的重要法則。

2、正確地認識自己及了解自己，是未來職業規劃的第一步，未來職業規劃好才能好好經營客戶關係管理。

3、如何透過 Holland 的人格特質和職業選擇理論及 MBTI 人格特質理論，來了解自己的人格分析及自我覺察，透過了解後找到自己最適合的競爭優勢及職涯發展。

4、如何認識自己及選擇自己的步驟及過程，包括自我興趣、自我優勢、自我目標、自我成長、自我覺察及自我價值

5、職涯發展中的工作選擇及工作價值觀，包括選擇比努力重要、環境比學習重要、人品比人才重要、效果比效率重要、目的比目標重要及價值比價格重要。

6、形成一個企業(公司)、員工(內部顧客)及顧客(外部顧客)間良好的正向循環及關係。

7、透過 MBTI 性格測驗剖析職業的特性，分析不同的人格適合何種工作，讓每一位同仁都能發揮自己最佳的工作境界及工作效率。

8、要學會如何認識環境及選擇環境。

9、在公司與顧客之間，是透過外部形象及廣告來抓住客戶；另外互動行銷，就是員工透過行銷與服務，來提升服務客戶的服務形象及品牌形象，甚至是個人的品牌形象。

CHAPTER

客戶關係行為的觀念

　　目前大部分交易行為的所有形式，所作的行銷實際上都是關係行銷，並且任何公司的行銷努力和銷售計劃都是與客戶建立關係，以便他們最終會從線上交易或是線下交易買單。由於客戶關係管理的前身是關係行銷（Relationship Marketing, RM），目前顧客的關係行銷就是透過資訊建立與維護顧客的長期關係，如此不僅可以建立深厚關係留住舊客戶外，更可以利用舊客戶的口碑相傳而引進新客戶。在舊客戶深耕再購及新客戶新購雙重效果下，很容易提升業績及顧客忠誠度。未來客戶的關係行銷不只是推銷產品或服務，而是公司及員工一起進一步瞭解顧客需求及創造客戶的價值，以提供超越顧客期待的價值，因此可以肯定，關係行銷是雙方長期建立彼此利他的交換關係。古人說：「買賣不成人情在」，做不成生意就做朋友。生意與朋友關係是長期互動的關係，過去的傳統行銷是屬於交易

行銷，故著重在交易，公司及客戶雙方都是站在短期交易和價格面的考量，而現在的關係行銷是彼此雙方站在溝通的方式，是建立在互惠及建立長期穩定的關係。本章會從關係行銷為出發點，談如何建立顧客的忠誠及如何創造顧客的終身價值，並且介紹行銷的演進。

關係行銷及行銷的演進

隨著市場上的激烈競爭，關係行銷的觀念與應用，現今日益受到重視。曹勝雄（2001）表示以消費者層面來說，關係行銷不但針對不同顧客提供不同的產品與服務，還著重在與顧客建立長遠的穩固關係。就企業層面來說，上下游產業之間的合作與供銷關係，會影響到買方對於賣方的滿意度，並進而影響買方對於賣方的忠誠度，甚至影響關係行銷的關係品質，Kotler（2000）就認為公司或廠商所提供的產品或是服務能得到消費者滿足，甚至超越消費者的期待，這樣的關係行銷才會信任及務實，因此不同於交易行銷，關係行銷是一種著眼於與不同的利害關係人，發展出長期關係的行銷觀點；它強調關係對於彼此雙方的信任與承諾，因此關係行銷為一種以消費者為中心的行銷方式，藉由與消費者每一次的互動中，累積資訊並進行個人化服務，強調與最具價值之對象長期持續的交易，充分的雙向溝通和彼此瞭解。不同於交易行銷是製造商提供具有吸引力的交易條件予零售商，其主要目的在於以經濟誘因促成當下雙方的交易，其著眼於是單一交易可以立即完成並且獲得所需要的利潤，為了讓讀者更清楚交易行

銷和關係行銷的差異性，特將彼此之間差異性彙總說明如表 2-1。

✚ 2－1 交易行銷及關係行銷的比較

交易行銷	關係行銷
創造一筆交易	創造一個客戶
是短期的觀點	是長期的觀點
偶爾客戶的接觸	持續長期的客戶接觸
單向溝通	雙向溝通
銷售是一個結果，並用來評量成功的依據	銷售是建立關係的開始，利潤是用來評量成功的依據
考量是追求市場佔有率	考量是追求顧客佔有率
重視銷售結果	重視顧客服務
品質是生產人員關注的	品質是所有人員關注的
顧客對價格敏感性較高	顧客對價值敏感性較高
標準化商品	客製化商品
開發新客戶為重點	維繫舊客戶為重點

資料來源：Gronroos（1991）、Payneal（1995）、Hartline（2008）及作者自行整理

✚ 2－2 關係行銷的步驟

關係行銷的步驟	內容
1、確認顧客	必須要與顧客做直接的接觸，因此公司必須要掌握顧客詳細的資料，不只是姓名、地址，還有興趣、嗜好等顧客的資料
2、區分顧客	公司確認顧客後，可得知哪些顧客對公司是較有價值、會再重複購買的，然後把行銷的重心放在這些顧客身上，並根據顧客需求來改善產品
3、顧客互動	跟客戶建立連結並培養長期良好的互動，所付出的努力。其目標是讓客戶對品牌產生更深、更有意義的連結
4、客製化客戶	以顧客至上，用客製化的商品與服務，滿足客戶的需求，甚至超出客戶的期待

資料來源：Rasjid（2003）及作者自行整理

　　企業（公司）和消費者存在彼此互惠及彼此依賴的關係中，公司為了滿足客戶需求及追求公司利益極大化下，企業（公司）是必須和消費者實施關係行銷，以了解客戶的需求及滿足，甚至要客製化消費者的需求，以超出客戶的期待，其關係行銷的步驟如上表 2-2。

✚ 2－3 行銷的演進

行銷的演進	內容
（1）生產導向	將注意力主要集中於增加產量和降低成本
（2）產品導向	相信消費者最重視是產品內容，只要有好的產品，自然就會有消費者要買
（3）銷售導向	公司極力銷售及促銷，消費者才會購買
（4）行銷導向	重視消費者利益，透過滿足客戶來獲利
（5）社會行銷導向	企業除了滿足消費者與賺取利潤之外，也應維護整體社會與自然環境的利益
（6）數位行銷	利用數位媒體進行行銷的一種方式，包括網站、搜尋引擎、社群媒體及電子郵件等

資料來源：作者自行整理

在消費者意識不斷的抬頭下，企業也開始逐漸重視消費者的選擇，因此也造成行銷觀念不斷的演進。回顧行銷歷史的發展，基本上我們可將行銷活動的觀念演進，區分為六大階段。自最早的「生產觀念」、到「產品觀念」、「銷售觀念」、「行銷觀念」、「社會行銷觀念」以及最新的「數位行銷觀念」。這些行銷的演進及行銷內容可以參考上表 2-3，讓讀者了解行銷內容的脈絡。

從行銷 4P、新 4P 到行銷 4C

行銷 4P 可以追溯到 1960 年，由美國密西根州立大學教授艾德蒙・傑洛米・麥卡錫（Edmund Jerome McCarthy）所提出的，是以生產者的角度出發的行銷管理理論，可參考表 2-4。

✚ 2－4 行銷4P

關係行銷的步驟	內容
產品決策（Product）	要開創一個事業，第一件事要思考的事情是要賣什麼東西？並且針對消費者的需求開發不同的產品，以滿足客戶的需求
價格決策（Price）	產品賣給消費者要賣多少錢，訂價的標準會影響企業獲利的多寡及企業在市場的定位
通路決策（Place）	產品要到什麼地方銷售，可以讓消費者取得產品與服務，是在實體商店還是網路商店銷售
推廣決策（Promotion）	產品要用什麼方式銷售，是用電話行銷、電視行銷、廣告行銷、還是數位行銷

來源：麥卡錫（Jerome McCarthy）／1960 及作者自行整理

上述行銷 4P 以產品銷售、產品生產者角度進行分析，今為大數據時代，會使用各種分析工具（如：Google Analytics4）了解顧客購物旅程，因此從產品轉移以人為導向的新 4P 行銷策略（表 2-5）。

✚ 2－5 行銷新4P

行銷新 4P	內容
人（People）	NES 模型可以即時掌握客戶的實際狀態，可為他們量身打造互動時間點，主要將顧客分為 5 種，分別為 N（新顧客）、E0（主力顧客）、S1（瞌睡顧客）、S2（半睡顧客），以及 S3（沉睡顧客），隨著沉睡程度越高，品牌和企業能被喚醒的機會越低，需喚醒的話所耗成本會跟著增加（可以參考表 2-6）
成效（Performance）	企業共同著重的成效為獲利，而成效評估的重點在於顧客動態追蹤，追蹤項目例如：顧客數增加、轉換率及活躍度提升等數據
步驟（Process）	成效需要透過實際執行步驟來優化與解決問題，或是擬定新的行銷策略。例如：藉由成效數據觀察 SEO 部落格文章互動率、曝光、點擊率等
預測（Predication）	藉由數據工具（如：Google Analytics4）來預測消費者的行為軌跡，提早做出應對方案，例如：精準預判顧客下次回購時間，並適度給予消費者互動、提醒等，以降低失敗的風險

資料來源：IT 顧問諮詢公司 Gartner 的副總裁 Kimberly Collins

> **案例討論 2－1－1：**
>
> 　　過去 A 銀行在各項業務中均依循過去傳統的思維經營業務，但由於金融科技發展的變化，也導致實體銀行經營型態的變化。例如銀行將重心由傳統實體分行，逐漸移轉到虛實通路整合，服務的主導權也由銀行逐漸移轉到消費者，且未來銀行服務將到處都在，不一定只發生在銀行裡，消費者可以獲得更便利、更具效率的金融服務。例如過去提供金融商品都是實體分行提供，現階段已經從實體到數位，再從數位提供到智能提供，一切都是為了提供客戶對的商品，所以 A 實體銀行近年加快數位轉型的速度，已經抓住實行數位轉型時的重點及方法，並且每年獲利屢創新高，規模也不斷的增加及擴充。本案例 A 銀行在大數據的時代中，請用行銷新4P 來說明A 銀行如何從客戶的角度出發，制定以客戶為中的新 4P 行銷策略。

> **案例討論 2－1－2：**
>
> 1、人（People）：A 銀行重視員工的培訓和發展，為員工提供良好的工作環境和福利待遇，例如提供線上教育訓練課程、實體經理人領導統御課程及員工持股信託等待遇及福利。
> 2、成效（Performance）：A 銀行建立了一套完善的績效指標體系，以衡量業務人員在電話行銷的動能及績效。
> 3、步驟（Process）：A 銀行制定了標準化的電話行銷流程，以確保行銷活動的順利進行，內容包括業務人員晨會時間內，提供宣導與教育訓練，提供業務人員法治宣導，提供業務人員產品演練，另必須每天提供標準通數及績效成績。
> 4、預測（Predication）：A 銀行預測金融趨勢及提供金融模式，以提供最適金融商品給消費者，及達到企業及消費者雙贏的效能及效果。
> 行銷 4P 和新 4P 是行銷學中重要的概念，它們為公司及消費者制定行銷策略、訂價策略及通路策略，公司可以根據自身的實際情況，選擇合適的行銷策略，以提高行銷效果。

✚ 2－6 NES模型（New, Existing Custome, Sleeping Customer）

NES 模型	代號	中文名稱	消費狀態
New Customer	N	新客戶	第 1 次消費
Existing Customer	E0	活躍客戶	在 1 倍的購物週期內會回購
Existing Customer	S1	瞌睡客戶	超過 1 至 2 倍的購物週期沒有回購
Existing Customer	S2	半睡客戶	超過 2 至 3 倍（大概 2.5 倍）的購物週期沒有回購
Sleeping Customer	S3	沈睡客戶	超過 3 倍的購物週期沒有回購

資料來源：大數據玩行銷－陳傑豪

補充：

1、通常三到六個月內是回購的黃金時間，假如過了這個時間點，就很容易變成熟睡顧客。

2、S1、S2 的顧客建議分別設計「詢問未購原因」、「詢問流失原因」等活動。

3、找出是哪個環節出了問題，以致於顧客沒有回購及流失。

✚ 2－7 行銷4C

行銷4C	內容
顧客（Customer）	企業在推出產品前，必須首先了解市場和顧客，根據他們的需求來提供產品與服務，以滿足客戶
成本（Cost）	這裡所提的成本，不單是企業的生產成本，更包括顧客的取得產品的成本，所以行銷4C的成本是考量了顧客所願意花費的金額，與消費者購買歷程中所花費的所有成本總和
便利性（Convenience）	通路對於消費者來說就是滿足顧客的便利而存在，不僅能購買到商品，也可以購買到方便性
溝通（Communication）	企業不再像過去單向向顧客促銷，更應該與顧客建立雙向溝通關係，在雙方的溝通中達到互惠及互利

資料來源：Robert F. Lauterborn（1993）及作者自行整理

過去是從生產者觀點出發，但隨著消費者抬頭，行銷策略逐漸轉為消費者觀點，因此美國行銷專家羅伯特·勞特朋（Robert F. Lauterborn）提出了以消費者需求為中心的4C理論（上表2-7）。

✚ 表2-8 4P和4C是相輔相成

4P= 生產者觀點			
Product ↓ （產品）	Price ↓ （價格）	Place ↓ （通路）	Promotion ↓ （促銷）
4P 是從生產者觀點看消費者，比較屬於單向的 4C 是從消費者觀點看消費者，比較屬於雙向的			
Consumer ↑↓ （顧客）	Cost ↑↓ （成本）	Convenience ↑↓ （便利）	Communication ↑↓ （溝通）
4C= 消費者管點			

資料來源：麥卡錫（Jerome McCarthy）和 Robert F. Lauterborn

　　過去傳統的行銷4P是從生產者的觀點（表2-8），只是生產者（企業或是公司）是單向對消費者（顧客）宣傳與促銷，所以生產者（企業或是公司）缺乏和消費者（顧客）建立彼此的互信及互動關係，而未能與顧客建立長期關係。行銷4C是從消費者（顧客）觀點出發（表2-8），生產者（企業或是公司）會主動和消費者（顧客）溝通，並聽從顧客他們的意見和建議，及提供個性化的解決方案（客製化），以建立客戶終身價值。現階段已從生產者觀點的單向溝通，轉換成從消費者觀點的雙向溝通，並也可將這兩種行銷組合互相協同使用，為了讓讀者更進一步了解，說明如下。

（1）顧客（Consumer）：

　　企業（公司）需了解是否符合顧客的產品或是服務，當顧客回饋給企業（公司）後，企業（公司）就會調整及改變產品和服務，所以是屬於雙

向的。

（2）成本（Cost）：

我們常說的價格，是顧客為了獲得產品或是服務所願意支出的金額，而成本則是創造顧客產品或服務時所投入的金錢、時間、人力和滿足客戶等價值的總和，所以成本是有考量顧客的回應後所計價出來的，因此成本亦屬於雙向的。

（3）便利（Convenience）：

過去從生產者的角度來看，只要提供實體通路就可以滿足消費者購買的需求，現在是從消費者的角度出發，當然希望消費者取得產品的方式越方便越好，若不方便就可以考量線上交易而非線下取得。所以當消費者考量購買不方便時，生產者就是必須滿足顧客的「便利性」而存在的，因此生產者考量消費者的需求時，其背後的觀念就是彼此是互相雙向溝通的。

（4）溝通（Communication）：

過去從生產者的角度來看，生產者為了銷售更多商品獲得更多利益，所以會促銷（Promotion）商品，這樣的行銷方式是屬於傳統 4P 單向溝通的。但 4C 中的溝通（Communication）是對顧客進行積極有效的雙向溝通，及建立生產者和消費者的顧客關係，不像過去企業單向的促銷和勸導顧客，而是在雙方的溝通中，找到生產者（公司）及消費者（顧客）各自

目標的交集前進及擴大。

➕ 表 2－9 行銷 4P 和行銷 4C 的差異處

差異性	行銷 4P	行銷 4C
差異 1	行銷 4P 是從生產者的角度出發，重點在於產品、價格、地點和促銷等因素	行銷 4C 則是從消費者的角度出發，重點在強調顧客價值、成本、顧客的便利性和顧客溝通等因素
差異 2	行銷 4P 的核心在於如何將產品推銷出去	銷 4C 的核心在於消費者的需求滿足
差異 3	行銷 4P 是企業（公司）專注在如何賣出產品	行銷 4C 是企業（公司）是專注於如何滿足顧客的需求
差異 4	行銷 4P 的策略多半是出於企業（公司）內部的考量，例如企業的產品定位、市場區隔、行銷策略、訂價格策略、通路策略和促銷手法等	行銷 4C 的策略則是企業（公司）想要更深入了解消費者，包括消費者的需求、消費者的滿足程度、消費者購買行為，消費者終身價值，並著重與消費者的互動和溝通

資料來源：Robert F. Lauterborn（1993）及作者自行整理

　　為了讓讀者更深入了解行銷 4P 和行銷 4C 的差異性及優缺點，茲將不同的地方提供表 2-9 以利讀者了解。

案例問題 2－2－1：

　　依照前面案例，過去 A 銀行在各項業務中均依循過去傳統的思維經營業務，但由於金融科技發展的變化，也導致實體銀行經營型態的變化，例如 A 銀行將重心由傳統實體分行逐漸移轉到虛實通路整合，服務的主導權也由銀行逐漸移轉到消費者，且未來 A 銀行服務將到處都在，不一定只發生在銀行裡，可以讓消費者獲得更便利、更具效率的金融服務。例如過去 A 銀行提供金融商品都是實體分行提供，現階段已經從實體到數位，並且再從數位提供到智能提供，一切都是為了提供客戶對的商品，所以 A 實體銀行近年加快數位轉型的速度，已經抓住顧客實行數位轉型時的重點及方法，並且每年獲利屢創新高，及規模也不斷的增加及擴充，本案例 A 銀行在大數據的時代中，請用行銷 4P 及 4C 來說明 A 銀行如何從客戶的角度出發，制定以客戶為中心的 4P 及 4C 之行銷策略。

案例討論 2－2－2：

　　當 4P 與 4C 兩個理論相互結合使用，就可創造一個同時兼容顧客導向與生產導向的新產品與服務，這樣長期以來不但能增加企業的獲利，提高客戶的滿意度進而增加顧客對品牌的認同度，達到雙贏的局面。

1、Product（產品）和顧客（Customer）：企業（公司）不再只能滿足過去客戶單一產品的需求，而批量生產的市場，因為現階段的消費者越來越喜歡客製化服務（多樣化的組合），以滿足消費者的需求和慾望，強調企業應該將「創造顧客」視為第一優先，不只是銷售企業想提供的產品和服務，而是必須給顧客真正想消費的項目，例如 A 銀行過去提供多種基金或是保險，現階段 A 銀行同時提供多種基金及保險的行銷組合（例如 A 銀行提供債券每半年配息或是基金每個月配息，以支付未來的月保費、季保費、半年保費或是年保費），因此若是由生產方觀點出發的行銷策略，

可能無法讓企業更全面了解顧客想要的是什麼，將導致 A 銀行被市場弱化，甚至招受淘汰。

2、價格（Price）和成本（Cost）：我們常說的價格，是顧客為了獲得產品或是服務所願意支出的金額，而成本則是創造顧客產品或服務時所投入的金錢、時間、人力和滿足客戶等價值的總和，所以成本是有考量顧客的回應後所計價出來的。過去客戶購買商品的成本只有貨幣支出，現在客戶的成本除先前貨幣支出，也包含購買搜尋商品所花費的時間、個人精力和購買商品的風險，因 A 銀行提供全方面一次購足的平台及經過 A 銀行團隊評估過的商品及風險等級預告，故 A 銀行提供顧客信任、專業及多樣化的服務平台，讓客戶在風險及成本極小化下，創造利潤及財富極大，讓 A 銀行每年盈餘屢創新高。

案例討論 2－2－2 續：

3、通路（Place）及便利（Convenience）：A 銀行所提供的實體分行及數位的技術及創新，皆是銀行界的模範生，加上 A 銀行提供準確理財資訊及重視客戶售後服務，所以 A 銀行在消費者心中來說就是為了滿足顧客便利而存在的。

4、促銷（Promotion）和溝通（Communication）：過去 A 銀行在提高顧客形象及在購率會透過傳統的促銷方案，如電視媒體及報章雜誌，現在 A 銀行會透過 Google、FB、IG、口碑行銷及影音行銷等數位媒體和顧客互動性，因為可以讓顧客主動理解 A 銀行產品及服務，並且做好彼此雙向溝通。

關係行銷的連結方式

　　過去銀行的金融服務只限於銀行行內的櫃檯，但隨著金融科技進步，銀行已將服務範圍拓展至行外的自動櫃員機的 ATM、B2C、B2B、C2C、Line 及 FB。任何銀行的行銷模式都是一種關係連結，因而建構關係行銷，關係行銷的著眼點還是企業（銀行）和顧客在長期關係的建構，關係雖然無法永久但可以長期。Liljander and Strandvik（1995）亦指出連結可視為是一種強而有力的退出障礙或形成較高的轉換成本，Berry and Parasuraman（1991）和 Berry（1995）提出三種建立顧客價值的方法，可藉由多種的連結模式與顧客建立持續的關係，其連結方式說明如下（參考表 2-10 及圖 2-1、圖 2-2 及圖 2-3）。

表2-10 關係行銷連結的三種層次

層次	連結	連結內容
層次1	財務	財務連結是經濟、績效或工具上的多樣性結合，例如企業（公司）利用價格來確保客戶的忠誠度及消費能力，當貸款利率低或是手續費低就會吸引客戶，但這種財務和客戶的連結方式，最容易讓競爭者模仿。
層次2	社會	企業（公司）或是公司的業務代表經常用聚會和用餐與顧客建立社交關係，此種社會感情的連結有助於和競爭者做出差異，使顧客保有對公司或是業務人員的忠誠度而建立彼此長期的往來關係。
層次3	結構	結構連結是指與關係之結構、治理和規範制度有關的結合，這些規則、法令、政策或是科技，皆可做為關係的正式結構，例如某銀行的網路銀行就提供無法替代的方便性及使用性，較無法替代。

資料來源：Berry and Parasuraman 及作者自行整理

圖 2-1 各銀行信用貸款利率及房貸利率比較—財務連結

2018 各大銀行信用貸款利率比較表

銀行	貸款專案	最低利率	手續費	最高可貸金額
華南銀行	一路發免綁約信貸	1.53%	5,300元	300萬
匯豐銀行	信用貸款	1.58%	2,000元	300萬
花旗銀行	圓滿貸	1.68%	5,999元	200萬
中國信託	信用貸款	1.68%	9,000元	300萬
新光銀行	優質族群貸款	1.68%	3,000元	300萬
凱基銀行	個人信貸	1.68%	5,000元	150萬
渣打銀行	理享貸	1.98%	9,000元	350萬
國泰世華	泰幸福信貸	1.98%	9,000元	300萬
王道銀行	一般信貸	2.68%	4,000元	300萬
星展銀行	星富貸	2.68%	9,000元	300萬
土地銀行	薪福貸	3.00%	5,300元	100萬
台北富邦銀行	上班族信貸	3.49%	5,000元	300萬

一生都受用的客戶經營學

利率逾2%房貸產品一覽

	銀行	房貸產品	首期利率
1	板信商銀	定儲利率指數型房貸專案-自用住宅	2.31%
2	台中商銀	安心成家住宅專案貸款	2.29%
3	台灣銀行	房屋輕鬆貸優惠專案	2.269%
4	第一商銀	一般指數利率房貸	2.25%
5	台北富邦	青年安心成家購屋優惠貸款--一段式指數利率	2.22%
6	日盛銀行	指數型房貸專案	2.20%
7	彰化銀行	安心Go購Home貸款	2.14%
8	玉山銀行	e指房貸	2.12%
9	台灣銀行	大台北都會區捷運沿線房屋購置貸款優惠專案	2.102%
10	中國信託	購屋自住房貸	2.08%
11	凱基銀行	指數型房貸-一段式	2.08%
12	台新銀行	購屋貸款	2.07%
13	國泰世華	A+尊榮專案	2.07%
14	華南銀行	捷運專案	2.06%
15	渣打銀行	MortgageOne 靈活房貸 100% 抵利型	2.05%

圖 2-2 業務人員寫卡片及送禮物給顧客──社會連結

52

Chapter 2 客戶關係行為的觀念

圖 2-3 國泰世華 CUBE 卡是科技及系統結合──結構連結

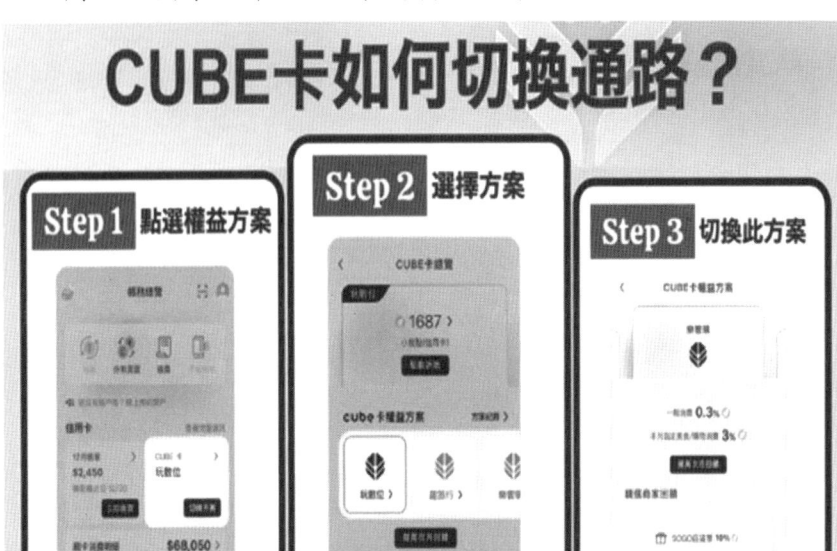

※ 本章重點導覽

1、過去的傳統行銷是屬於交易行銷，故著重在交易，公司及客戶雙方都是站在短期交易和價格面的考量，而現在的關係行銷是彼此雙方站在溝通的方式，彼此雙方是建立在互惠及長期穩定的關係。

2、Kotler（2000）就認為公司或是廠商所提供的產品或是服務能得到消費者滿足，甚至超越消費者的期待，這樣的關係行銷才會信任及務實。

3、行銷 4P 可以追溯到 1960 年，由美國密西根州立大學教授艾德蒙‧傑洛米‧麥卡錫（Edmund Jerome McCarthy）所提出的，是以生產者的角度出發的行銷管理理論。

4、現今為大數據時代，每位讀者嘗試使用各種分析工具（如：Google Analytics 4）了解顧客購物旅程，因此從產品轉移到以人為導向的新 4P 行銷策略。

5、隨著消費者意識抬頭，行銷策略逐漸轉為消費者觀點，因此美國行銷專家羅伯特‧勞特朋（Robert F. Lauterborn） 提出了以消費者需求為中心的 4C 理論。

6、生產者（企業或是公司）會主動和消費者（顧客）溝通，並聽從顧客他們的意見和建議，及提供個性化的解決方案（客製化），以建立客戶終身價值。為進一步說明，現階段已從生產者觀點的單向溝通，轉換成從消費者觀點的雙向溝通，也可將這兩種行銷組合互相協同使用。

7、Berry and Parasuraman（1991）和 Berry（1995）提出三種建立顧客

價值的方法，可藉由多種的連結模式與顧客建立持續的關係。

CHAPTER

客戶關係管理內涵及目標

　　客戶關係管理是企業（公司）與顧客建立及維持長期關係，以提升顧客終身價值和建立客戶忠誠的管理活動，企業（公司）將客戶視為重要資產，並且隨時關心客戶的需求及掌握客戶的變化，用以客戶為中心的理念，客戶數據為決策的依據，為企業創造最大價值，為客戶創造最大貢獻，藉以管理客戶能力、資訊管理能力及客戶永續經營能力（表 3-1），強化客戶關係管理及建立企業品牌形象，並且經由客戶數據分析打造客戶個人化體驗及優化客戶服務品質。客戶關係管理目標就是使企業長期穩定永續經營及落實社會企業責任，並在客戶體驗中融入 ESG 永續承諾，為企業創造品牌價值及增進和客戶關係。

3

✚ 3－1 客戶關係管理的三種能力

客戶關係管理的組成	內容
1、管理客戶的能力	管理客戶期望與需求，掌握客戶與時俱進並且從心出發，讓客戶產生對你無法替代
2、資訊管理的能力	建立客戶基本資料，並予以客戶數據分析制定行銷策略，掌握客戶及建立客戶關係
3、客戶永續經營能力	企業長期穩定永續經營、 適應客戶市場變化 並且創造客戶價值，建立社會企業的責任

資料來源：作者自行整理

管理顧客的能力

企業（公司）強而有效的管理顧客能力，除了會吸引新客戶的引進，也會幫助企業（公司）留住現有客戶。另外企業（公司）為客戶提供完善的體驗和優質的服務，都將能為公司輕鬆地與客戶建立彼此好的互動和維護長期關係，並且也能有效提升顧客忠誠度及顧客依賴度，及降低客戶流失度及不滿意度。管理客戶的主要能力（表 3-2）有洞悉客戶能力來觀察客戶及辨識客戶；行銷客戶能力來開發客戶及吸引客戶；創造客戶價值能力來客戶體驗及客戶優化；客戶生命週期能力來經營客戶及規劃客戶。因此透過以上管理客戶的能力將能使公司連結客戶的期待及客戶的希望，並能為公司帶來更多客戶利潤、客戶忠誠度、好的口碑宣傳，並降低公司的銷售成本及維繫客戶的成本。

✚ 3－2 管理客戶的能力

管理客戶的能力	內容
1、洞悉客戶能力	觀察客戶及辨識客戶
2、行銷客戶能力	開發客戶及吸引客戶
3、創造客戶價值能力	體驗客戶及優化客戶
4、客戶生命週期能力	經營客戶及規劃客戶

資料來源：作者自行整理

　　客戶的接觸點可能是一家公司，或是公司的某一個子公司、某一個品牌與客戶發生互動的每一個時機。舉例來說，客戶發現貴公司的途徑有可能是公司的網站、公司的廣告、評論網站或是透過他人推薦，例如該公司網站都會有客戶的評價。該公司的好評是最具有說服力的評價，因為透過這些客戶的好評，會讓其他客戶感受到該公司的產品或服務是值得消費及肯定的，因此造就成千上萬的人湧進。舉例來說國泰世華銀行近來發行的CUBE卡，就在媒體、網站及該公司的形象中，其發行量在短時間居然超過600萬張，晉升為發行量最多的信用卡，也因為這樣的發卡量而超越了中國信託LINE Pay卡及台北富邦的Costco卡。其實能造成國泰世華CUBE卡的吸引力就是解決客戶的不方便及痛點，例如國泰世華2024年起擴增CUBE卡「趣旅行」權益，不僅海外實體刷卡消費、預訂各大航空機票、國內外飯店住宿、購買旅遊社行程，甚至是搭乘高鐵、叫車，均提供3%回饋無上限，因此國泰世華銀行CUBE卡從客戶準備旅行、啟程再到回程，國泰世華CUBE卡皆提供刷卡便利的好體驗。刷卡得到3%小樹

點（信用卡），可以回饋擴大到海外各國實體消費，因此國泰世華 CUBE 的確在客戶平常的交易行為（表 3-3）、客戶平常的提問點、客戶體驗點及痛點上，真正打造一張全新的旅遊神卡，是國內各銀行無法替代的信用卡。

✚ 3－3 透過客戶不同接觸點洞悉客戶需求

接觸點	洞悉客戶需求
1、客戶約訪	取得客戶信任，建立客戶溝通，才能了解客戶個性 了解客戶行為，然後發掘客戶需求及建立客戶關係
2、客戶行為	透過客戶行為，了解客戶偏好及了解客戶的興趣 藉由客戶行為，可以看懂客戶旅程及了解客戶需求
3、客戶提問	抓住客戶提問重點，弄懂客戶實際商品及實際服務 另外專心凝聽客戶問題，用心洞悉客戶實際的需求
4、客戶異議	當客戶提出異議，我們必須了解客戶他們反對的依據 並且提供完整一套反對的 SOP 程序，及專業的回覆
5、客戶體驗	經由客戶的親自體驗，可以真正了解客戶問題與需求 公司可提供敏捷性的溝通平台及高效率解決平台
6、客戶抱怨	學會尊重及傾聽客戶抱怨及客訴，並且展現同理心 只要妥善處理及解決客戶需求，就是化危機為轉機

7、客戶痛點	只要用心找出客戶服務過程中及使用產品中的痛點，並在對的時機提供解決方案，就會讓客戶感受到重視
8、客戶離開	由於客戶選擇離開，才開始關心客戶及了解客戶需求因此平常和客戶要保持敏捷性了解客戶變化及需求

資料來源：作者自行整理

行銷客戶的能力

行銷從過去到現在,甚至未來都是相當熱門的一門學問及藝術,在學校中行銷是學校中的彩妝師,在企業中行銷是企業的化妝師,也就是若該學校或是該公司想要讓更多人認識,行銷是學校和企業建立品牌形象的助燃劑。例如在世新大學傳播學院的媒體力量及數位行銷,就將世新大學在私校的排名,和學生報到數總是名列前茅。另外過去行銷 1.0 是企業以滿足市場需求為目標的 4P(產品、價格、管道、銷售)時代,當時企業是從自身角度出發;行銷 2.0 是企業以滿足客戶需求為目標的 4C(客戶、成本、溝通、便利),企業開始從客戶角度思考;到了行銷 3.0,企業就開始重視客戶體驗的 4A(認知、態度、行動、行動),及企業開始做好數位轉型;最後到行銷 4.0,企業更加重數位轉型,此時消費者及用戶開始上網且勇於分享,因此在這數位時代及客戶體驗的時代中,若是企業疏忽或是忽略消費者的反應或是抱怨,屆時成也行銷,敗更是行銷。舉例來說,2014 年當時頂新魏家黑心噁油連環爆,在報章雜誌及媒體的渲染下,不只造成消費者信心全部瓦解,甚至當時的背景及環境都可能使頂新集團面臨倒閉,

足見頂新公司的形象在透過不同行銷的傳播下，會產生加速的效果產生。最後讀者可從（表3-4）了解過去行銷的演進和發展。

✚ 表 3 － 4 行銷1.0到行銷5.0的演進

理論	作者	理論內容
1、行銷 4P 以產品為導向 Product、Price Place、 Promotion 站在生產者看產品	Jerome McCarthy 麥卡錫教授 行銷 1.0 強調產品 未談到消費者	1、企業以自身觀點推出產品 2、提供優質產品給客戶 3、廣告和促銷活動推銷產品
2、行銷 AIDA／1898 顧客關係導向 Attention、 Interest Desire、Action 開始有客戶體驗	E. St. Elmo Lewis 艾里亞斯．路易斯 行銷 2.0 消費者被動	消費者在做出購買商品決定之前，會經歷的四個階段，因為廣告對產品產生注意並且產生興趣，然後再激發欲望，最後採取購買行為達成交易
3、行銷 AIDMA／1920 顧客關係導向 Attention、Interest Desire、Memory Action 無法購買但會記住	Roland Hall 羅蘭．霍爾 行銷 2.0 消費者被動	消費者從看到廣告到發生購物行為之間，產生購買及不購買，當購買時會產生記憶，然後下次再購買

Chapter 3　客戶關係管理內涵及目標

4、行銷 AISAS／2004 - 顧客關係導向 - 滿足客戶購買行為 Attention、Interest Search 或 Social Action、Share	日本電通公司 行銷 2.0 消費者主動	消費者開始對有興趣的事物，會先在網路以關鍵字搜尋相關訊息，透過網站或部落格進一步了解，若喜歡便會購買，然後再將使用感受與心得提供於社群網路分享
5、行銷 AIDEES／2006 滿足客戶購買行為 Attention、interest Desire、experience Enthusiasm、share 購買產生體驗後熱衷	片平秀／日本 行銷 2.0 消費者主動	品牌體驗能夠順利的分享與他人共有，就會像一個循環後，又進入下一個注目、關心、慾望的循環，愈來愈廣
6、行銷 4A／2011 - 重視客戶體驗 Aware、Attitude Act、Act again - 轉型數位	Phillip Kotler 菲利浦．科特勒 行銷 3.0（人本）	1、在乎顧客購買之後的行為 2、重複購買視為顧客忠誠度 3、品牌必須要更真誠 4、讓員工成為品牌大使 5、消費者購買習慣改變了 在網路時代之前，每個人決定自己對品牌的態度。但在網路時代，品牌對顧客最初訴求，會因為個人受到周遭社群及 KOL 影響，改變自己對品牌的態度，因此看起來個人的決定，實際上都是許多人（社群影響）共同的決定
7、行銷 5A／加速轉型數位 Aware、appeal Ask、act advocate	Phillip Kotler 菲利浦．科特勒 行行銷 4.0（數位）	1、顧客在詢問和行動時容易受到社群影響 2、5A 階段不是按照順序的，可能會跳到另一個階段，或是回到前一個階段

8、結合了《行銷 3.0》以人為本及《行銷 4.0》的技術實力	hillip Kotler 菲利浦・科特勒 行銷 5.0（數位）	行銷 5.0 的核心思想是以人工智慧、大數據、物聯網等科技，建立一個完全個人化及客製化的消費者體驗

資料來源：Kotler 及自行整理

隨著商品與服務邁向專業化及商品化，現在公司間競爭已經難以做出差異化，因此公司的商品及品牌若想從市場中脫穎而出，或是受到消費者的推薦，公司就必須提高客戶在商品及服務上的顧客體驗（Customer experience，CX），讓客戶在體驗上感受到超出自己的心理期待及心理價值，進而建立客戶在公司品牌的忠誠度及對於商品的信賴度。然而世代的交替及快速變化，數位銀行、數位證券、數位保險及數位行銷，已經是大家平常生活中常接觸的，因此現在已經從過去的客戶體驗路徑 AIDA 到 4A，進階又轉變為 5A 架構（參考表 3-5），這樣的轉變來自於網路間的連結，及線上線下的普及，加上現在商品服務及商品行銷提供更數位化（表 3-6），尤其在網路後時代，客戶體驗更加深客戶對於商品的零接觸（發生疫情，圖 3-2）。

➕ 3－5 網路前及網路後的客戶體驗

網路時代前的客戶體驗 -4A	網路時代後的客戶體驗 -5A
Aware（認知）	Aware（認知）
Attitude（態度）	Appeal（訴求）
Act（行動）	Ask（詢問）
Act again（再次行動）	Act（行動）
	Advocate（倡導）

資料來源：Kotler 及自行整理

➕ 3－6 行銷演進及行銷的核心價值

行銷演進行銷的核心價值	網路時代後的客戶體驗 -5A
行銷 1.0	產品導向
行銷 2.0	顧客中心
行銷 3.0	以人為本
行銷 4.0	數位轉型
行銷 5.0	科技加上人性

資料來源：Kotler 及自行整理

+ 圖3-2：行銷演進（1）、行銷重點（2）及行銷背景（3）

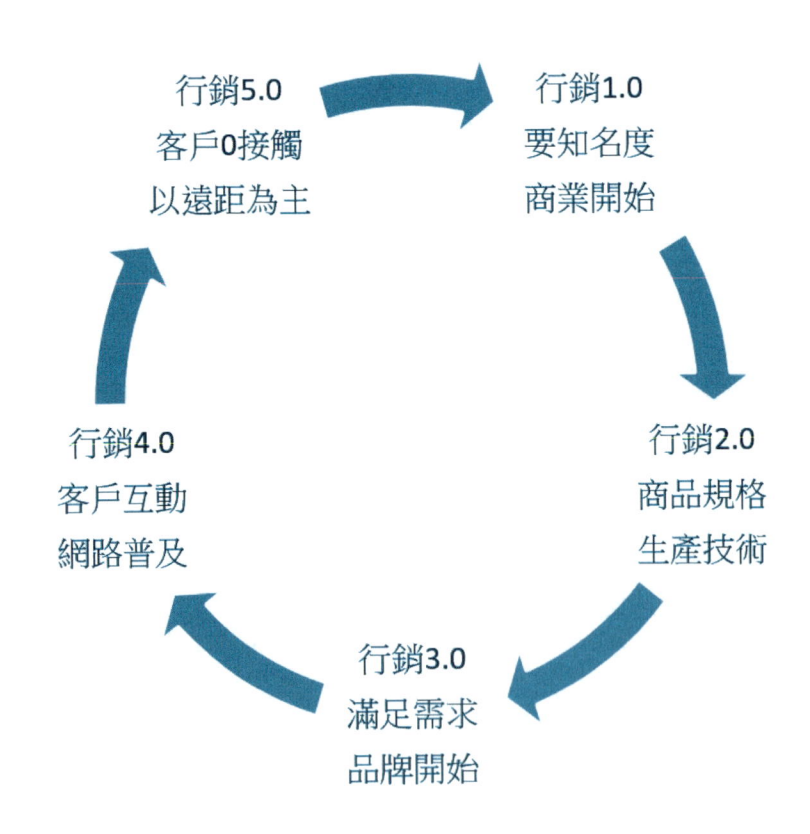

行銷5.0
客戶0接觸
以遠距為主

行銷1.0
要知名度
商業開始

行銷2.0
商品規格
生產技術

行銷3.0
滿足需求
品牌開始

行銷4.0
客戶互動
網路普及

資料來源：Kotler 及作者自行整理

創造客戶價值的能力

　　顧客價值創造的主要來源為產品服務與顧客服務，並且企業能獲得整體價值，也就是所有顧客關係價值的總和。因此若想提升企業獲利，就必須妥善經營好顧客關係，透過了解顧客體驗，衡量顧客在所有和企業接觸點的反應及感受，若有良好的顧客體驗才能提升顧客忠誠度、提升顧客保留率及縮短顧客回購週期，進而提升企業獲利。所以企業創造顧客價值或是提升顧客價值，相對的顧客就會回饋消費給企業及貢獻給企業獲利。因此滿足顧客體驗及超出顧客的期待，顧客就會體會了多少效益（參考表3-7），而願意貢獻其價值，因此從企業的角度來說，顧客價值指的是顧客能夠對企業做出多少貢獻。從顧客的角度來說，顧客價值指的是企業所提供的產品與服務，能夠為顧客創造多少價值。總之，在現階段商業社會競爭中，創造顧客價值已成為企業生存發展不可缺少的一部分，因此首先必須了解顧客的需求。在商品上重視品質及價格，在服務上重視公司人員的專業及態度，並且在產品及服務上必須和顧客保持互動，以建立顧客對於公司的信任及形象。最後產生顧客價值、顧客滿意度及顧客忠誠度，與

顧客建立長久關係並實現雙贏局面。

✚ 3－7創造顧客總效益

接觸點	洞悉客戶需求
（1）產品效益（Product）	指產品本身所具有的功能，能帶給顧客多少的直接利益。如 Microsoft 的電腦系統直接提供了人們便利性、娛樂性及商務性，其產品利益已為人們所不可或缺
（2）服務利益（Services）	指服務本身直接帶給顧客的利益，服務大部份都是無形且較難量化的。如專業的技能、熱情的招呼、真誠的微笑、貼心的招待等等
（3）人際利益（relationship）	指一個商品或服務，能為顧客創造多少的人際關係價值。Facebook 提供人們在網路世界建立人際關係的空間，交友網站提供了人們認識對象的機會，就屬於人際利益
（4）形象利益（imagine）	指一個商品或服務，能為顧客塑造想要的形象。如 LV 精品及 Benz 汽車就有著身份、尊榮及富有等形象

資料來源：作者自行整理

管理大師彼得・杜拉克（Peter Drucker）所說：「行銷是所有與顧客有關的工作。不要侷限在媒體、工具的選擇使用。」行銷不是賣東西的銷售花招，而是為顧客創造價值與提升顧客生活品質的藝術。行銷的主要功用是告訴顧客，是如何貼近他們的期待及如何達到顧客的需求，這背後都是說明要如何增加顧客的價值，其增加價值的方式為提供顧客優質服務、顧客客製化的體驗及服務、設計顧客忠誠度計畫、重視客戶反應及立即改

善、建立公司專屬社群及結合創新思維和落實行動（參考表 3-8）。所以行銷是可以和體驗結合成體驗行銷，讓行銷觸動顧客體驗，當顧客願意接受體驗，這樣的體驗行銷使企業在顧客體驗過程中，了解顧客的需求與期待，跟上顧客需求與期望的變化。例如顧客想買一間房屋，除了要了解房屋所處的位置外，更重要是想了解該房屋的品質、價格及公設內容。此時預售屋代銷業者（代銷某建商的房屋）就扮演這非常重要的體驗行銷角色，如提供該建案的廣告、平面設計、最重要的實品屋及簽約等，這些所有顧客所接觸的點，就形同顧客旅程一樣，因此從廣告到賞屋及簽約的互動過程中，代銷業者是從中讓顧客真正了解該房子的價值而願意購買它，所以當顧客感受的價值被企業（代銷業者）提高後，就會觸動顧客在該企業的消費，甚至購買後再次消費（下一個建案），或透過社群推薦他人，或口碑相傳。

✚ 3－8 增加顧客價值的方式

增加顧客價值的方式	內容
1、提供顧客優質服務	確保顧客所有接觸點，服務人員能快速且有效地解決客戶問題，讓客戶感受到被重視和尊重，並且超越期待
2、顧客客製化的體驗及服務	根據顧客的消費者行為，提供顧客個別化的產品推薦和行銷活動
3、設計顧客忠誠度計畫	提供顧客獎勵計畫及忠誠計畫，例如個別差異化的紅利積點及專人服務

4、重視客戶反應及立即改善	傾聽顧客的反應，及聚焦顧客的需求，並勇於和顧客溝通及立即改善
5、建立公司專屬社群	創立公司和顧客專屬社群，讓顧客感受到歸屬感和參與感，並透過社群活動互動，以增強顧客對公司的信任感及品牌形象
6、結合創新思維及落實行動	企業唯有創新思維及落實顧客行動，才能提供顧客更好的產品及價值服務

資料來源：自行整理

案例問題 3－1－1：

　　台灣不動產代銷已有近五十年的歷史，並發展出一套的預售銷售模式，銷售預售屋的過程中，代銷（代銷建商的建案）往往扮演著重要角色。因為當建商規劃好一個建案時，可以選擇自己賣或是委託廣告公司賣，而廣告公司就是俗稱的「代銷」，建商委託代銷公司銷售預售屋，透過代銷公司相互競價接案，增加利潤。例如國泰建設新店央北推案，國泰建設找了海悅國際、新聯陽實業機構及創意家行銷報價，假設這三家代銷分別報價為海悅國際報價 85 萬，新聯陽實業機構報價 83 萬及創意家行銷報價 80 萬，最後由海悅國際報價 85 萬脫穎而出。本個案將從海悅國際在國泰建設的代銷中，讓顧客在海悅國際的體驗行銷中，願意出 95 萬（假設更高價）購買新店央北的建案，使體驗行銷藉由海悅國際的使用下，可以為國泰建設增進該建案的價值。

案例討論 3－1－2：

　　資訊氾濫的世代裡，我們每天都被各種產品和服務所包圍，同時也面臨著眾多的選擇。一個廣告、一張宣傳海報、一個口號，都足以吸引我們的注意力，Schmitt 提出了可以透過五大構面，為顧客創造不同且新穎的體驗行銷，這五大構面分別是行動式體驗行銷、情感式體驗行銷、感官式體驗行銷、思考式體驗行銷及關聯式體驗行銷。體驗式行銷是什麼呢？簡單來說，它就是一種讓消費者藉由實際體驗產品或服務的方式，來進行行銷的策略，本案將舉例海悅代銷在這五大構面為客戶做了什麼。

1、行動式體驗行銷：海悅國際在代銷現場（通常為建設公司要推案的地點）提供該建案未來在交通、教育及經濟未來的發展之廣告，並且在廣告結尾，由海悅代銷董事長透過一段話，促使消費者產生購買需求。而行動體驗最有名的案例，莫過於 Nike 的行動呼籲：Just Do It。由於海悅代銷為代銷龍頭，另海悅黃董事長又是一位非常要求完美的藝術家，因此藉由海悅廣告的推出，往往會促使消費者行動，這樣的過程就稱為行動式體驗行銷。

案例討論 3－1－2：（續）

2、情感式體驗行銷：進入該建案的現場，可以看到海悅國際提供舒適的室內設計及實品屋，加上現場聽到輕鬆的音樂及品嘗好的咖啡，這樣的顧客體驗容易讓顧客產生美好的記憶和情感連結，這樣的過程就稱為情感式體驗行銷。

3、感官式體驗行銷：所謂的感官體驗行銷，大部分是透過五官所建立及感受的，例如：視覺、聽覺、氣味等相關體驗。主要是藉由體驗促進消費欲望，常見的感官體驗有：試車、試吃、試喝、試穿及試看等，例如海悅國際所提供的實品屋就是所謂的試看。

4、思考式體驗行銷：思考式行銷是透過啟發消費者的思考來吸引他們，例如海悅提供講座及社群媒體上的討論，讓顧客參與企業，而對企業產生信心及品牌形象。

5、關聯式體驗行銷：讓消費者覺得品牌是他們生活的一部分，海悅國際與台灣營建研究院及台灣幸福健築協會正式簽署合作備忘錄（MOU），並推動 ESG 和 SDGs，並在所有建築空間、空中森林花園、結構系統和施工中，全面創新健康建築，提升員工和使用者的健康福祉。將「生態、節能、減廢、健康」的理念落實在建築中，並融合在顧客的生活中，這樣的過程就稱為關聯式體驗行銷。

客戶生命週期能力

顧客生命週期之所以重要，是因為企業（公司）的品牌能夠依照顧客生命週期（Customer Life Cycle）將顧客分類及分群管理，進而制定不同階段的行銷策略、銷售策略、訂價策略或是差異化服務策略，並在顧客生命週期的每一個階段，提供不同的產品與服務。掌握顧客的生命週期，代表企業可以提供每位顧客最適合的產品與服務，以及提高顧客價值，同時能提高顧客忠誠度和降低顧客獲取成本。因此在顧客生命週期的不同階段，是能幫助企業有效拆解顧客旅程，並清楚了解顧客在每個階段所產生的行為，讓我們知道這些顧客行為在每個階段所產生的接觸點（Contact Point），因此企業可以經由行銷策略及銷售策略，與顧客們產生互動及經營。顧客生命週期總共分為四個階段（參考表 3-9），分別是顧客獲取（Acquire）、顧客互動（Engage）、顧客留存（Retain）及顧客成長（Grow）。在每個階段的所有顧客之狀態都是動態變化的，若未好好經營客戶及管理客戶，客戶是很容易流失的，反之好好經營會讓顧客重新再購買和企業建立長期忠誠關係，因此唯有和新舊顧客保持互動及溝通，才能

吸引新顧客使之成為熟客,熟客成為常客,未來才能逐年提升企業營收,以及顧客在不同過程中產生對企業的價值和貢獻。

✚ 3－9 顧客生命週期的四個階段

顧客生命週期的四個階段	內容
1、**顧客獲取**（Acquire）	企業（公司）的品牌會從不同管道與好友展開接觸,例如社群媒體、官方網站、線上活動及線下活動,也就是消費者從訪客成為新會員過程,但尚未和企業有任何往來
2、**顧客互動**（Engage）	顧客互動階段對於企業（公司）或是顧客而言,都算彼此雙方過渡階段、認識階段,顧客開始會在該企業的官方網站大量擷取資訊,甚至致電詢問該企業的產品及服務
3、**顧客留存**（Retain）	顧客已經開始和企業（公司）初步產品往來,也可以指在特定時期內保留顧客的能力,當你的顧客留存能力高,就意味著該企業商品是顧客們會回購的
4、**顧客成長**（Grow）	顧客和企業（公司）往來的商品不只一項或是該產品會再回購,或是在社群推薦

資料來源：Kalakota & Robinson（2001）及自行整理

　　Kalakota & Robinson（2001）認為一家好的企業（公司）是必須在顧客生命週期的四個階段中,企業是要和顧客建立完善的 CRM 系統（Customer Relationship Management）,這內容分別是顧客獲取、顧客增強、顧客維持及顧客留存,在顧客獲取中企業必須有差異化的管理,在

經營上要不斷的創新，在客戶的使用上要讓顧客便利，在顧客增強中企業要增強顧客服務與深化顧客關係，並且要和顧客提供交叉銷售（兩種產品以上的搭售）及向上銷售（提供更優質的產品），在顧客維持中要傾聽顧客的聲音，並且提供顧客想要的，而不是市場想要的，以顧客為考量的，而不以利益為考量，對舊顧客的重視要遠大於新顧客的重視。總之對於顧客的態度及對待是必須謙虛及真誠的，並且要不斷的了解顧客需求及顧客價值（參考表3-10）。

✚ 3－10 如何了解顧客

了解顧客	內容
顧客特徵	誰是我們的顧客
顧客動機	顧客的需求是什麼
顧客行為	顧客的期待是什麼
顧客價值	顧客重視的價值是什麼

資料來源：自行整理

任何想要成功的企業（公司）在想要降低成本及提高利潤時，都必須密切注意企業（公司）和顧客的往來及經營。在客戶往來中之客戶維繫尤其重要，因為有個經濟效益上的簡單理由，就是當和新客戶及舊客戶往來相比時，維持既有客戶所需的費用少很多。在行銷界有一項經驗法則稱為「1：5定律」。這個觀念是說明若要爭取一個新客戶所需要花費的成本，是留住一個老顧客的5倍，另外根據哈佛商業評論中也提到新客開發成本

比舊客高出 5 倍。根據 Bain & Company 的研究指出，只要提高 5% 的客戶留存率，就能顯著提升公司 25%～95% 的獲利。因此對企業（公司）來說，爭取一位新客戶需要付出更多的大量成本；反之，與既有顧客保持聯繫的成本，只需要開發新客戶的五分之一。所以企業在經營客戶時，就必須考慮到留住客戶對企業的重要性，而高度掌握客戶流失狀況也一樣重要。維繫舊客戶也能使該客戶成為企業（公司）的忠實客戶，忠實客戶在透過推薦及在社群媒體上推薦您公司的品牌，並能提供意見回饋改善產品或服務。綜合上述就可以了解為何舊顧客的留存對，企業（公司）的品牌發展如此重要，因為它能為企業（公司）帶來更高的收益，並讓企業（公司）永續經營及永續發展。降低企業（公司）的廣告成本及行銷成本，因此企業（公司）必須評估一家企業的顧客留存率及顧客留存相關指標是非常重要的（參考表 3-11）。

✚ 3－11 顧客留存率與顧客留存相關重要指標

（1）顧客留存率＝（計算區間結束顧客數 - 計算區間新增顧客數）／計算區間開始顧客數	1／1 開始時有 1000 個客戶，到 12／31 有 1200 個客戶，這段期間內新增了 250 個客戶，顧客留存率是（1200－250）÷ 1000 ＝ 95%
（2）回購率＝舊客數／總消費顧客	例如你選取時間區間內有 100 位有下單的顧客，而其中有 70 位客人是在「這段期間前」就已經買過，回購率＝ 70 ÷ 100 ＝ 70%

（3）平均訂單金額＝營業額／訂單量	區間一個月，營業額 10,000,000，訂單量為 10,000，平均訂單金額為 10,000,000／10,000=1,000
（4）顧客購買頻次＝訂單量／顧客數	設定時間區間為一個月，假如這個月有 500 筆訂單，而你的消費顧客數量為 250 位，那你的顧客購買頻次：500 ÷ 250 = 2 次／每人每月
（5）顧客終身價值＝（平均訂單金額顧客購買頻次）簡易公式	（5）顧客終身價值 =1000（平均訂單金額）*2（顧客購買頻次）=2,000

資料來源：作者自行整理

客戶關係管理的效益及目的

CRM 是「Customer Relationship Management」的縮寫，中文意思是「客戶關係管理」，泛指企業將客戶視為重要資產。CRM 是指透過資料蒐集與分析，建立符合客戶喜好與需求的系統資料庫，根據 CRM 系統資料，可以將行銷部門、銷售部門、直銷部門、管理部門及客服中心等部門系統自動化。客戶關係的自動化可以提供企業許多效益，其自動化效益包括客戶服務差異化、銷售自動化、客戶體驗化、顧客忠誠度化、客服流程化、行銷自動化、數據分析化及挽留客戶自動化等（參考表 3-12）。透過企業（公司）將客戶資料蒐集、資料整合及資料分析，以建立符合客戶喜好、客戶需求、客戶價值的資料庫，也可藉此優化企業營運策略及發展策略，有效節省企業成本及增進企業效率。最早提出 CRM 概念的高德納諮詢（Gartner Group）公司認為，CRM（客戶關係管理）的存在有三大意義，分別是為企業提供全方位的管理視角、提供企業更完善和客戶對話能力及處理能力以及極大化客戶的效益。總而言之所提供的三大意義就是所謂的客戶關係管理，因此透過 CRM 將能提供公司與客戶之間全方位的互動關

係管理，以及客戶經營的最佳策略。最終客戶關係管理的目的就是完善管理客戶、避免客戶流失、縮短銷售週期及降低銷售成本、穩定客戶經營及穩健企業永續經營（參考表 3-13）。

✚ 3－12 客戶關係管理的效益及目的

CRM（客戶關係管理）效益	內容（CRM 系統的建置）
1、客戶服務差異化	透過 CRM 了解客戶最適的服務方式，如人工致電、電子郵件、機器人及社交媒體
2、銷售自動化	透過 CRM 協助銷售團隊對客戶提供最適銷售方式，如最適銷售商品及配置
3、客戶體驗化	透過 CRM 了解客戶購買行為，透過最適客戶體驗，讓客戶更容易接受體驗及購買
4、顧客忠誠度化	透過 CRM 建立和客戶關係，例如最適客戶獎勵回饋（例如飛機升等及提高現金回饋）
5、客服流程化	透過 CRM 讓客戶服務系統流程標準化及客製化，提高客服流程效率及流暢
6、行銷自動化	透過 CRM 建置行銷客戶最適自動化，例如郵件自動化、社群自動化及推廣
7、數據分析化	透過 CRM 提供客戶數據分析及報告，了解客戶消費行為及消費動機
8、挽留客戶自動化	透過 CRM 了解客戶即將流失及客戶不往來原因，藉此降低客戶抱怨及提升挽留客戶

資料來源：自行整理

✚ 3－13 客戶關係管理的目的

客戶關係管理目的	內容
1、完善管理客戶及避免客戶流失	企業（公司）需致力於客戶保持聯繫，並關心客戶問題及解決客戶抱怨及申訴問題，讓客戶覺得公司對他們的重視
2、縮短銷售週期及降低銷售成本	公司銷售週期是一連串的銷售活動，通常由數個階段完成，若銷售週期管理能透過清楚的規劃及使用適當的客戶關係管理軟體及工具，將能有效降低銷售成本及提高公司利潤
3、穩定客戶經營及穩健企業永續經營	雖然開發新客源對公司的業績成長至關重要，但是穩定經營舊有客戶及強化老顧客更為重要，唯有如此企業才能永續、穩健及健康的經營

資料來源：自行整理

※ 本章重點導覽

1、客戶關係管理是企業（公司）與顧客建立及維持長期關係，以提升顧客終身價值和建立客戶忠誠的管理活動。

2、為企業創造最大價值，為客戶創造最大貢獻，藉以管理客戶能力、資訊管理能力及客戶永續經營能力（表 3-1），強化客戶關係管理及建立企業品牌形象。

3、客戶關係管理的目標就是企業長期永續的經營，並落實社會企業責任，在客戶體驗中融入 ESG 永續承諾，為企業創造品牌價值及增進和客戶關係。

4、企業（公司）強而有效的管理顧客能力，除了會吸引新客戶引進，

並且也會幫助企業（公司）留住現有客戶。

5、管理客戶的主要能力有洞悉客戶能力，用以觀察客戶及辨識客戶、行銷客戶能力用以開發客戶及吸引客戶、創造客戶價值能力用以客戶體驗及客戶優化，客戶生命週期能力用以經營客戶及規劃客戶。

6、客戶的接觸點可能是一家公司，或是公司的某一個子公司，或是某一個品牌與客戶發生互動的每一個時機。

7、行銷 1.0 是企業以滿足市場需求為目標的 4P（產品、價格、管道、銷售）時代，當時企業是從自身角度出發。

8、行銷 2.0 是企業以滿足客戶需求為目標的 4C（客戶、成本、溝通、便利），企業開始從客戶角度思考。

9、行銷 3.0，企業就開始重視客戶體驗的 4A（認知、態度、行動、行動），及企業開始做好數位轉型。

10、行銷 4.0，企業更加重數位轉型，此時消費者及用戶開始上網且勇於分享。

11、顧客價值創造的主要來源為產品服務與顧客服務，並且企業能獲得整體價值，也就是所有顧客關係價值的總和。

12、若有良好的顧客體驗才能提升顧客忠誠度、提升顧客保留率及縮短顧客回購週期，進而提升企業獲利，所以企業創造顧客價值或是提升顧客價值。

13、從企業的角度來說，顧客價值指的是顧客能夠對企業做出多少貢獻。從顧客的角度來說，顧客價值指的是企業所提供的產品與服務，能夠

為顧客創造多少價值。

14、管理大師彼得・杜拉克（Peter Drucker）所說：「行銷是所有與顧客有關的工作。不要侷限在媒體、工具的選擇使用。」行銷不是賣東西的銷售花招，而是為顧客創造價值與提升顧客生活品質的藝術。

15、顧客生命週期之所以重要，是因為企業（公司）的品牌能夠依照顧客生命週期（Customer Life Cycle）將顧客分類及分群管理，進而制定不同階段的行銷策略、銷售策略、訂價策略或是差異化服務策略，並在顧客生命週期的每一個階段，提供不同的產品與服務。

16、顧客生命週期總共分為四個階段（參考表3-9），分別是顧客獲取（Acquire）、顧客互動（Engage）、顧客留存（Retain）及顧客成長（Grow）。

17、CRM 是「Customer Relationship Management」的縮寫，中文意思是「客戶關係管理」，泛指企業將客戶視為重要資產，CRM 是指透過資料蒐集與分析，建立符合客戶喜好與需求的系統資料庫。

18、自動化效益包括客戶服務差異化、銷售自動化、客戶體驗化、顧客忠誠度化、客服流程化、行銷自動化、數據分析化及挽留客戶自動化等。

19、CRM（客戶關係管理）的存在有三大意義，分別是「為企業提供全方位的管理視角」、「提供企業更完善和客戶對話能力及處理能力」以及「極大化客戶的效益」。

20、最終客戶關係管理目的，就是完善管理客戶及避免客戶流失、縮短銷售週期及降低銷售成本、穩定客戶經營及穩健企業永續經營。

Chapter 3　客戶關係管理內涵及目標

CHAPTER

消費者行為

　　消費者行為指的是消費者在購買產品與服務時所展現出的行為，由於消費者行為涵蓋許多層面，其中包括消費者對產品或服務的需求，消費者對於產品或服務的訂價，及消費者對於購買決策的制定，因此不同消費者會產生不同的行為，因此企業（公司）若能夠掌握消費者的行為，就能掌握消費者的需求，進而抓住消費者的心。

　　美國行銷協會（American Marketing Association）將消費者行為定義為：一項包含了個人和群體消費者的研究，試圖了解他們如何透過選擇、購買、使用、拋棄各項產品、創意、服務，來滿足他們的需求和欲望。另外林建煌老師認為瞭解消費者行為非常重要，因為從市場和競爭的角度，消費者決定了市場競爭的勝負成敗；從行銷的角度，消費者是整個行銷策略的核心；從組織的角度，顧客是組織的衣食父母；從社會整體的角度，

消費者滿足是檢驗企業滿足消費者的唯一手段；從個人的角度，每個人都是消費者，每個人也可能必須服侍或取悅其他的消費者；從員工的角度，消費者提供了員工滿足的一個重要來源，且消費者行為是消費者為了達成某一特定目標所產生的行為。

解析消費者行為

　　消費行為（英語：Consumer Behavior）又稱消費者行為，研究對象是個人、家庭、團體或組織。簡單來說就是以個別消費者的相關活動，或是個別消費者向外擴展的行為領域，其實消費者行為主要延伸自「行銷管理」，而「行銷管理」又延伸自「企業管理」，因此企業管理、行銷管理和消費者行為，彼此之間有一定的關聯性。消費者行為包含許多活動，我們可以將消費者行為分為購前、購中和購後等三個階段，每一個階段都包含許多活動。

　　為何將消費者消費的過程分為三個階段？主要是因為消費者重視的問題和發生的問題，在各階段都有所不同。企業（公司）的經營者、執行人員或是行銷人員，都應該重視及關心這些議題及課題。而「消費者行為」是指消費者在尋找商品、評估商品、購買商品、使用商品、接受產品和接受服務時，所做出的行為。因此完整的消費者行為（參考表 4-1）可以幫助企業（公司）了解消費者的心理狀態、消費習慣、消費偏好及消費等級等，幫助企業制定品牌及訂價，讓企業（公司）更貼近消費者的個人化行

銷策略（參考表 4-2）。

大數據議題近年來被各大企業重視，將消費者行為做為主要業務發展的核心需求，目前台灣金融業及電信業更是利用大數據深化客戶體驗（參考表 4-3）及進一步的預測未來消費行為，進而對消費者行銷及促銷來增加消費和營業額。

✚ 4－1 消費者購買的三個階段及關心的議題

消費者購買的三個階段	消費者關心的議題
購買前階段 （Pre-purchase Stage） 消費者最重視決策的 資訊與品質	1、買的規格　5、交貨多久 2、取得資訊　6、如何付款 3、買的品牌　7、在哪裡買 4、是否風險
購買中階段 （Purchase Stage） 消費者重視產品的 資訊與品質	1、買的品質　5、商店形象 2、買的價格　6、商店服務 3、買的數量　7、商店素質 4、商店交通
購買後階段 （Post-purchase Stage） 消費者重視產品的 售後服務	1、是否符合期待　5、在網路留言 2、是否想要在購　6、口碑相傳 3、是否產生抱怨　7、售後服務 4、是否產生客訴

資料來源：自行整理

✚ 4－2 行銷者/銷售者考量的三個階段及關心消費者的議題

行銷者/銷售者考量的三個階段	行銷者/銷售者關心的議題
購買前階段 （Pre-purchase Stage） 提供客戶蒐集資訊及給予保障	1、客戶買什麼　5、給予客戶選擇 2、降低購買資訊 6、給予承諾 3、如何提供資訊 7、給予信心 4、如何讓客戶青睞
購買中階段 （Purchase Stage） 提供客戶服務品質及客戶體驗	1、不同銷售管道 5、提供專業 2、維護服務品質 6、提供形象 3、提供銷售專業 7、提供合理 4、提供客戶體驗
購買後階段 （Post-purchase Stage） 提供客戶售後服務及處理抱怨	1、提供售後服務 5、處理抱怨 2、處理客戶再購 6、處理客訴 3、處理客戶建議 4、處理客戶認知

資料來源：自行整理

✚ 4－3 大數據如何進行消費者分析

消費者分析步驟	內容
1、設定研究目標	例如想了解消費者對於新產品的反應，或是想了解客戶對於再購商品的反應，當確定目標客戶後，就可以掌握未來消費者的輪廓
2、掌握消費者輪廓	確認目標客戶後，企業（公司）可以利用大數據分析消費者的行為，以利洞悉消費者消費的偏好及輪廓
3、繪製消費者旅程	當洞悉消費者消費的偏好及輪廓後，可以提供企業（公司）繪製消費者旅程，以擬定顧客未來的行銷策略及滿足顧客需求
4、洞察分析與應用	當企業（公司）繪製消費者旅程，及深入了解消費者行為後，企業（公司）或是銷售者就可以提供顧客最適的商品

5、持續分析與驗證	現在資訊爆炸及資訊充分的時代，經濟環境及市場環境也是隨時的變化及更新，企業（公司）必須不斷的更新消費者的資訊及資料，才能持續分析及驗證消費者行為是否轉變

資料來源：作者自行整理

網路對消費者行為的影響

偉門智威全球智庫過去 5 年研究調查購物者的行為和需求，希望協助企業（公司）一窺未來商機可預期的成長機會。2022 年擴大研究規模至 5 大洲 18 個國家，超過 31,000 位消費者（參考表 4-4）。另調查在 2023 年中，發現 80% 的消費者認為網路所提供的線上體驗，已經高於線下購物的體驗，代表數位科技的改變及數位化的推陳出新，而電子商務持續的發展及進步，正意味著消費的的購物方式在改變，消費者也因網路而改變消費者行為。過去因數位科技的進步，而使消費者可以在不受地理環境及時間限制的數位平台上消費，另外線下的實體商店也因結合科技及數位化的環境而變得不一樣。總之，近年來線上及線下在數位科技的帶動下及衝擊下，新型電子商務的生活是每天都在改變。另外全通路購物更是整合了實體商店（線下）與數位化環境（線上），加上現階段的大家都是透過智慧型手機和平板電腦使用消費，大家只需要滑動手指就可以在手機和平板電腦得到豐富的資訊及得到服務。我們也可以將資訊透過在社群網站、Line、評分與評論來影響別人，然後讓自己及別人可以同時立即獲得產品的訊息，

因此數位化的革命正在改變每一位消費者的行為。

➕ 表 4－4 線上及現下的體驗比較

服務種類	線上較好	線下較好
產品種類眾多	61%	12%
產品評比	60%	13%
身障可使用性	57%	15%
購買成本	56%	16%
品牌／產品比較	55%	14%
交貨速度	44%	31%
購物樂趣	44%	24%
退貨流程	42%	27%
品牌忠誠度	41%	21%
店員諮詢建議	36%	38%
找到合適的商品	35%	42%

資料來源：偉門智威全球智庫及作者自行整理

案例問題 4－1－1：

　　傳統銀行的網路銀行，是你在實體銀行開戶後，可以申請使用網路銀行；待網路銀行開通後，可以在網路銀行之線上處理帳戶轉帳、匯款、定存、買外幣、買保險及基金，因此消費者就不用到銀行臨櫃辦理，而可以直接在網路銀行直接線上操作。另外現在的純網路銀行則是全新的銀行，目前有 LINE Bank、樂天銀行及將來銀行三家銀行，純網路銀行跟傳統銀行的數存帳戶一樣，都是在線上開戶，且適用相同的數位存款帳戶法令規範，只是純網銀因剛開業沒幾年，所以法令上可以做的業務，三家純網銀並不一定全部都有做，像是換匯交易，很多傳統銀行的數存帳戶及網銀都有這項服務，但三家純網銀都還沒開辦。現階段之純網銀已經從早期的「獲客」階段，走向「獲利」階段，未來存網銀除了吸收存款外，更要建置更多的授信面才能獲利，因此現階段主要獲利還是傳統銀行，在傳統銀行申請實體開戶後，另在網路銀行申請使用。後續案例探討將以國泰世華銀行在數位科技的發展與進步為主要案例。

案例討論 4－1－2：

　　國泰世華銀行透過 CUBE App 和 CUBE 卡，將傳統金融服務轉化為美感與實用兼備的數位體驗，簡潔俐落的質感介面、流暢的使用體驗，不僅 CUBE App 在 UI ／ UX 表現上獲得 85% 的設計師與專家好評，其數位成果也都反映在業績數字上。截至 2024 年 4 月，國泰世華銀行擁有逾 1,100 萬名客戶，其中有 730 萬名為數位用戶。國泰世華銀行也獲頒了「數位轉型綜合領導者」暨「全方位體驗創新領導者」雙項大獎，國泰世華以三大策略：文化數位轉型、服務數位轉型、流程數位轉型，達成企業數位轉型的目標，由內而外有效整合客戶在線上、線下、行內、行外的足跡，找出關鍵的顧客體驗連結點，成功建構以「客戶」為中心之金融服務。未來國泰世華銀行數位轉型計畫的腳步將持續向前，除了注重客戶的數位體驗，亦會繼續研發新技術、導入新科技，持續優化金融產品及內部作業流程，使業務、數位、數據團隊密切溝通合作，並融合大數據與分析能力佈局全通路，藉由跨平臺、跨裝置來提供一致化的服務體驗，讓更多的客戶感受到絕佳的數位金融服務。（資料來源：國泰金控網頁）

消費者動機

人們消費講究動機，動機有可能是來自內在的本能需求，也有可能來自外在的誘因而產生，另外即使具有相同的消費行為（例如到西餐廳用餐），但每個人消費的動機也可能都不一樣（有人是內在動機引起，有人是外在動機引起），甚至同樣的消費者在午餐時用餐，或是晚餐用餐時的動機也有所不同。其實這背後的因素如同先前所說，是因為消費者行為受到內、外在力量的影響，及消費者行為受到動機所驅使。由於消費者行為會受到內、外在力量的影響，因此消費者的動機可以分為內在動機和外在動機，內在動機是指個人內心的需求和慾望，例如尋求滿足感、成就感、虛榮心或是自我實現，外在動機則是指外在環境或是外部因素對於消費者的刺激和影響，例如促銷活動、廣告活動或社群活動。總之，消費者的決策過程是因消費者受到內外動機的影響，故動機的形成產生消費者從想到到看到，從看到到意識到，再從意識到到購買到。舉例來說 A 銀行理財業務及服務領域眾多，A 銀行如何在眾多金融機構的理財業務中脫穎而出，並且獲得許多消費者的接受及使用，A 銀行就必須深入了解客戶在銀行理

財服務之購買動機及對於購買理財意願決策過程之影響,並採取適當的理財行銷策略及理財銷售策略,以提升客戶在 A 銀行之滿意度和和市佔率,並建立 A 銀行在理財業務的競爭優勢。

Blackwell, Miniard & Engel(2001)提出消費者動機是藉由產品購買與消費經驗,來滿足心理與生理需求的驅動力。消費動機指的是消費者進行消費時的傾向,也是決定消費行為最主要因素之一,而探討消費者的動機便是瞭解消費者為何進行消費的原因(鍾承坤,2008)。

Tauber(1972)是最早從事購物動機研究的學者,在他的論點中,消費動機來自於消費者本身,並將動機分為個人動機(personal motives)與社會動機(social motives)兩類(參考表 4-5 及表 4-6)。

個人動機包含角色扮演(role playing)、轉移(diversion)、自我滿足(self-gratification)、學習新趨勢(learning about new trends)、身體活動(physical activity)、感官刺激(sensory stimulation)六個構面。

社會動機包含社會體驗(social experiences outside the home)、與同興趣者互動(communication with others having a similar interest)、同儕團體的吸引力(peer group attraction)、身分及權力(status and authority)、議價的樂趣(pleasure of bargaining)五個構面。

✚ 4－5 消費者之個人動機

個人動機	內容
（1）角色扮演	指消費者透過消費活動，強化自身在社會中所扮演的角色
（2）轉移	購物可以提供人們跳脫一成不變的日常生活，也就是指購物能使日常生活產生轉變，提供消費者休閒娛樂活動
（3）自我滿足	在於使特定情緒達到滿足而進行的行為，例如當自己感受到無聊或是沮喪時，購買一個東西可以讓自己產生開心或是正面情感
（4）新趨勢的學習	以現代人而言，是一種對事物好奇與嘗試，而消費是為了解產品流行及創新趨勢的一種方式
（5）身體活動	消費者希望藉由購物來達到運動的效果，例如假日時，消費者可以利用在百貨公司運動
（6）感官刺激	因為視覺、嗅覺、味覺、觸覺、聽覺五感受到刺激而進行消費。以餐飲而言，則包括了味覺的驚喜、擺盤的創新或者餐具的精緻華美，乃至如鋼琴伴奏等

資料來源：Tauber, E.M.（1972）及作者自行整理

✚ 4－6 消費者之社會動機

社會動機	內容
（1）社會體驗	因著消費活動進行，走出戶外，與其他人群進行社交活動
（2）與同興趣者互動	是指經由消費活動的進行，找到一群志同道合者或有相同品味者
（3）同儕團體吸引力	透過消費活動的進行，達到團體融入或參與的目的，獲得認同產生歸屬感。

（4）身分及權力	是指透過購物展現消費能力與社經地位，以獲得敬重；消費是一種將文化內化到日常生活中的模式，隨著社會風氣及消費活動型態的轉變，越來越多消費者藉著具有符號意涵的商品，來建構自己的社會地位及社會階層，消費早已不再是單純的經濟行為，而是經過種種的符碼轉換，藉由差異化的符碼來媒介各式的文化行為（陳坤宏，1998）
（5）議價的樂趣	是指享受消費時討價還價的過程，一種自己於議價過程贏了或得到好處的快樂

資料來源：Tauber, E.M.（1972）及作者自行整理

案例問題 4-2-1

先前新冠肺炎改變了人們的生活方式，尤其是在疫情中努力求生的餐飲業及服務業，加上更加嚴峻的三級警戒，許多人氣名店及餐廳再也撐不下去，所以這些店家也只能忍痛停損，留給顧客許多過去的回憶。這些餐廳包括基隆/86年台菜餐廳之七堵國富飯店、台北/76年成吉思汗蒙古烤肉、台北/43年菊元日本料理、台北/40年北平稻香村烤鴨，目前餐廳仍存在的大部分都是大型連鎖店餐廳，例如知名品牌的王品牛排、西堤牛排、陶板屋、夏慕尼鐵板燒、原燒及青花驕等，尤其是王品牛排的高檔餐廳是許多人肯定的高級牛排餐廳。但本案例探討的不是王品牛排，而是創立於1949年的沾美西餐廳，地址位於台北市大安區仁愛路四段77號B1。沾美西餐挺經典的午餐是吃到飽餐廳的始祖，用餐分為午餐及晚餐時段，午餐供應自助餐吃到飽，晚餐則是半自助的西餐，點一份主餐就可以享用沙拉。本案例將探討為何沾美西餐廳位於地下室，且在疫情間能夠度過，是基於什麼樣的經營方式及經營理念，而能屹立不搖。

案例討論 4-2-2

　　就沾美西餐廳而言，如何讓消費者願意在地下室用餐，且有了第一次消費，又願意進行第二次消費？就消費者而言，沾美西餐廳服務人員在服務過程中的好壞，及餐廳內的餐色，決定了消費者是否願意再次消費的動機與意願。餐廳的經營者，除了強調服務及餐廳之特色外，相信餐廳經營者的核心價值，是決定這家餐廳的未來，本案例將就 Tauber（1972）的消費者動機來探討為何沾美西餐廳可以屹立不搖。

個人動機（舉例兩項）
1、自我滿足：經由網路得知沾美西餐廳為「臺北十家必吃牛排店」之一，因此消費者消費是為了自我滿足。
2、感官刺激：沾美西餐廳讓消費者之視覺、嗅覺、味覺、觸覺、聽覺五感受到刺激而進行消費。

社會動機（舉例兩項）
1、社會體驗：因參加同學會或是公司聚餐，而到沾美西餐廳用餐，故產生社會動機的社交活動。
2、與同興趣者互動：同學或是同事們因彼此消費而聊天，透過聊天而產生興趣及志趣間的志同道合。

消費者購買決策

從顧客消費行為到顧客購買決策,顧客的想法、做法及購買方式,顧客的每一個階段都是一個密切相關的連續過程,並且公司的品牌或是產品,若想讓顧客得到認同或是歡迎,我們就必須掌握消費者在購買產品前後的考量。通常消費者會經歷五個階段,將參考 Engel、Blackwell 及 Kollat(1984)這五個階段稱之為購買決策過程,當了解消費者購買過程的每一個階段,並根據消費者的心理和需求,來調整公司的行銷策略及銷售策略,才能達到公司搶占市場成功的關鍵。

消費者購買決策是指消費者在每個階段,謹慎地評估某一產品、品牌或服務是否與自己的需求符合。在每個階段中,消費者會考慮外在環境、不同因素及參考不同的資訊,並在多個不同項目中進行選擇,最後購買能滿足某一特定產品及想要服務的過程。在消費者購買決策活動中,包括認知需求、搜尋情報、方案評估、購買行為、購後結果等五個步驟,並且在這五個步驟產生前,也都有所對應的觸發動作(參考表 4-7)。另外消費者在購買決策活動的五個階段中,並不會是按部就班地完成,消費者會隨

著購買情境的不同,而彈性調整到另一個階段,例如在路上經過運動商品店,看到一雙喜歡的鞋子,看完之後覺得會有認知需求(購買決策決策第一個階段),並且馬上購買(購買決策第四個階段)。

＋ 表4-7:消費者購買決策的五個階段

購買決策	認知需求 第一階段	搜尋情報 第二階段	方案評估 第三階段	購買行為 第四階段	購後行為 第五階段
在這五個步驟產生前,也都有所對應的觸發動作	透過 FB 生活痛點 親友介紹 (觸發)	Google Yahoo (觸發)	Google 評估 Yahoo 評估 (觸發)	通路選擇 線上買 線下買 (觸發)	高於預期(再次購買) 低於預期(產生抱怨) (觸發)

資料來源:Engel、Blackwell 及 Kollat(1984)及作者自行整理

消費者購買決策的五個階段說明如下:

(1)認知需求(第一階段):

在購買行為前的動機會先產生認知需求,認知需求有可能是已存在的痛點,也有可能是透過廣告誘發的需求,或是親朋好友的推薦而產生的,

而這動機有來自內在的動機（感受或是感官上的反應），也有來自外在的動機（經濟因素或是環境因素等影響）。

（2）搜尋情報（第二階段）：

當消費者確認需求後（商品需求或是服務需求），消費者就會透過GOOGLE、YAHOO 搜尋，以作為購買決策的參考依據，此階段只是將自己想要知道的內容作為查詢，但仍未將商品或是服務作為比較。

（3）方案評估（第三階段）：

在經歷過先前資料蒐集及資訊彙總的這個階段（第二階段）之後，主要是將搜集到的資料逐步彙整成為可用的資訊或是訊息，這個階段主要是篩選品牌及篩選品質，已經開始掌握自己的需求了。

（4）購買行為（第四階段）：

在完成先前第三階段（方案評估）之評估和比較之後，消費者會做出最後或是最終的購買決策。這個決策可能包括選擇何時購買、在何處購買、向誰買等因素，另外，產品或服務的價格、品質、品牌等，也會對消費者購買決策產生影響。

（5）購後行為（第五階段）：

在這個階段，消費者對自己的購買行為會感到預期滿意或是預期不滿

意，若能有如預期表現得好，消費者就會產生再購買的行為，或是向其他人推薦購買該產品，反之，若不滿意就會開始向公司抱怨或是產生客訴。

案例問題 4－3－1

　　不知道讀者是不是跟我一樣，也是一位喜歡看書及喜歡買書的人？因為我相信，讀書或是上課都會幫助自己增加知識及增廣見聞，並有助於人生成長及閱歷豐富的一種方式，另外書本中的作者也會提供許多解決問題的方法及鼓勵。

　　就作者所知，每個人的讀書習慣及購書方式都不太一樣，舉例來說：有些人喜歡沒事到書店逛逛，靜下心來挑選一本喜歡的書；有人喜歡到書店買書時，可以同時買一些文具；也有人喜歡運用網路買書平台，找到一本適合自己的書籍；

　　由於書籍是人們與過去溝通的橋樑，也是研究經典與獲取知識的重要媒介，也正因為如此，販賣書籍的書店成為我們日常生活中的重要角色。然而，傳統的書店已無法滿足我們多元的需要，因為資訊的不便利、買賣交易的困難，本章案例將針對全台最大圖書及文具的通路 - 墊腳石，如何與博客來、誠品及金石堂競爭，成為許多人購買書籍的唯一選擇，並利用消費者購買決策的方式來評估。

案例討論 4-3-2

　　墊腳石營業時間為 9：30~22：30，營業地點都是人潮駐集的地點，所以擁有優良的地理位置、便利的交通，成為它具吸引力的特點之一。本案例將利用 Engel、Blackwell 及 Kollat（1984）消費者購買決策的五個階段來評估墊腳石的優勢。

（1）認知需求：由於墊腳石營業時間為 9：30~22：30，地點都是在交通便利的地方（通常在火車站附近或是補習街），加上墊腳石有銷售文具，並且銷售商品包含一般書籍、考試用書、文具、禮品……等等，有系統的分層讓顧客更能準確的掌握時間，帶來更便利的消費所以常成為學生及上班族的首選。

（2）搜尋情報：墊腳石除了實體商店外，也有商城及網路購書的方便性，另外在價格上，墊腳石的網路購書的價格並不會亞於在博客來網路購書的價格，並且實體商店的商品多樣化和選擇性，而且利用 GOOGLE 搜尋墊腳石的書籍，仍有許多實體及網路上的優勢。

案例討論 4-3-2（續）

（3）方案評估：由於 D 墊腳石之實體 + 商城 + 文具（較多），所以選擇 D 方案較好
A 博客來：商城（較少）
B 誠品：實體 + 商城 + 文具（較少）
C 金石堂：實體 + 商城 + 文具（較少）
D 墊腳石：實體 + 商城 + 文具（較多）

（4）購買行為：透過先前評估後，選擇較偏好的 D 方案開始制定購買的決策，像是去台北車站附近買、買稻盛和夫的書籍、早上 10 點買。

（5）購後行為：由於墊腳石在線上及線下的商品及服務皆好，所以會有再購的文具及書籍需求，並且也會推薦親朋好友向墊腳石購買

※ 本章重點導覽

1、消費行為（英語：Consumer Behavior）又稱消費者行為，研究對象是個人、家庭、團體或組織，簡單來說就是以個別消費者的相關活動或是個別消費者向外擴展的行為領域。

2、我們可以將消費者行為分為購前、購中和購後等三個階段，並且每一個階段都包含許多活動。

3、大數據要如何進行消費者分析，消費者分析步驟包括設定研究目標、掌握消費者輪廓、繪製消費者旅程、洞察分析與應用及持續分析與驗證。

4、人們消費講究動機，動機有可能是來自內在的本能需求，也有可能來自外在的誘因而產生，另外即使具有相同的消費行為（例如到西餐廳用餐），但每個人消費的動機也可能都不一樣（有人是內在動機引起，有人是外在動機引起），甚至同樣的消費者在午餐時用餐，或是晚餐用餐時的動機也會也所不同，其實這背後的因素如同先前所說，是因為消費者行為受到內、外在力量的影響。

5、Blackwell, Miniard & Engel（2001）提出消費者動機是藉由產品購買與消費經驗，來滿足心理與生理需求的驅動力。

6、Tauber（1972）是最早從事購物動機研究的學者，在他的論點中，消費動機來自於消費者本身，並將動機分為個人動機（personal motives）與社會動機（social motives）兩類。

7、個人動機包含角色扮演（role playing）、轉移（diversion）、自我滿足（self-gratification）、學習新趨勢（learning about new trends）、身體活動（physical activity）、感官刺激（sensory stimulation）六個構面。

8、社會動機包含社會體驗（social experiences outside the home）、與同興趣者互動（communication with others having a similar interest）、同儕團體的吸引力（peer group attraction）、身分及權力（status and authority）、議價的樂趣（pleasure of bargaining）五個構面。

9、我們就必須掌握消費者在購買產品前後的考量，通常消費者會經歷五個階段，將參考 Engel、Blackwell 及 Kollat（1984）這五個階段稱之為購買決策過程。

10、在消費者購買決策活動中，包括認知需求、搜尋情報、方案評估、購買行為、購後結果等五個步驟。

CHAPTER

如何做好銷售及顧客旅程

　　打造客戶需求的建置及精準行銷，可以提供最準確的銷售及客戶購買意願，打造更貼近顧客的服務，提升顧客體驗與提高顧客忠誠度，因此為了提升各個階段的客戶銷售及客戶體驗，企業（公司）必須深入理解顧客需求及體會顧客旅程的重要性，因此我們可以從一開始顧客銷售的滿意度到顧客旅程的滿足感，深入了解消費者的需求和消費者的體驗，進而了解及優化客戶和產品及服務的互動過程，以獲得顧客更多的肯定及再購買行為。

　　在顧客旅程的前階段銷售時，企業（公司）必須在不同的平台中，提供顧客對於自己企業產品的認識及瞭解，並且滿足顧客的需求及期待，在顧客旅程的購買中階段，企業必須提供顧客最好的體驗及服務，例如企業（公司）提供多元的購買平台、結帳方式及運送方式，讓顧客在購買體驗

是流暢及滿意的,最後在顧客旅程的最後階段中,企業(公司)必需提供良好的售後服務及關懷,並保持主動和顧客隨時諮詢及顧客建議,最後希望透過完善銷售客戶及服務客戶的顧客旅程之流程,才能讓顧客隨時想到你及找到你,更重要的是顧客為何要選你,及讓你產生無法替代的銷售人員及服務人員。

銷售客戶及服務客戶
的顧客旅程流程

-
-

（1）你的目標客戶是誰：「目標客戶」是一群你公司提供的產品和服務所瞄準的客戶。

（2）你的目標客戶在找什麼：懂得問問題、了解客戶，找到他的需求。

（3）你的目標客戶到哪找你：利用不同通路，讓客戶可以順利找到你。

（4）你的目標客戶何時想到你：要主動隨時能站在顧客前面幫忙解決問題，且能有能力、專業及熱誠解決問題、讓顧客有安全感及信任感。

（5）你的目標客戶為何要選你：讓顧客覺得真誠、專業且獨一無二。

（6）你的目標客戶如何聯繫你：在目前的數位時代中，你要讓客戶主動聯繫你。

Chapter 5 如何做好銷售及顧客旅程

你的目標客戶如何聯繫你

你的目標客戶為何要選你

你的目標客戶何時想到你

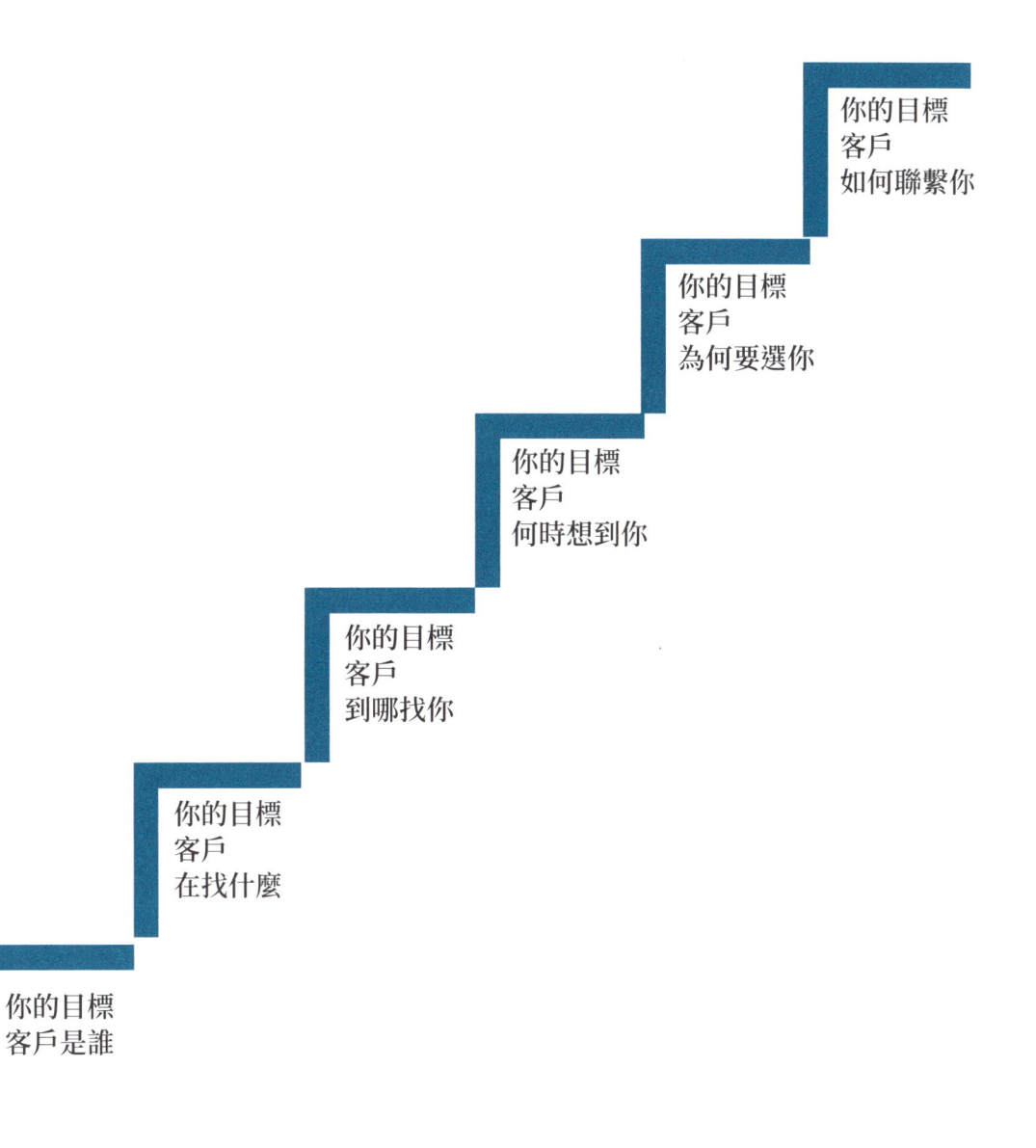

你的目標客戶到哪找你

你的目標客戶在找什麼

你的目標客戶是誰

公司及個人的目標客戶是誰？
以及客戶在找什麼？

-
-

　　目標客戶（Target Customer）是指企業（公司）或公司某品牌所鎖定的潛在客戶消費者族群，及企業的產品或是服務的針對對象，也就是指企業所生產的產品之直接購買者或是所提供服務之使用者，該目標客戶是制定行銷策略的基礎，若制定行銷策略正確，就能提供該企業之行銷成效及提升營業獲利。當目標客戶定位正確及找到了，另外也把這些人的共同特徵找出來，由於不同的特徵可能代表不一樣的消費者行為和消費路徑，不同的消費路徑就可能來自不同的通路，並且目標客群可能會因為各種因素而改變，因此建議每隔一段時間（短者為半年，長者為 1 年或是 1.5 年）就必須將目標客戶重新檢視，然後重新分析目標客群，以及重新調整合適的行銷策略，當客群因行銷策略不一樣之後，企業（公司）也能根據客群的改變，而優化公司的產品及服務的計劃（參考表 5-1），以創造客戶價值。另外我們可利用客戶體驗及客戶消費了解客戶，並且懂得問問題，然後找到客戶的需求，最後我們可以拆解消費者行為及深入了解消費者旅程，以利企業（公司）及銷售同仁充分了解客戶需要什麼及客戶在找什麼，以及

如何辨識目標市場和目標客戶（參考表 5-2），辨識客戶然後開始發展客戶及拓展客戶。

✚ 表 5 － 1：公司及個人的目標客戶步驟及客戶在找什麼

目標市場及目標客戶步驟	內容
進行市場調查及研究	收集及分析市場資料，以利了解市場輪廓及市場變化
了解競爭對手及市場需求	了解競爭對手的產品、服務、定價策略以及市場定位，進而掌握市場需求
擬定行銷策略	根據市場狀況、客戶需求等因素，制定產品的價格、通路、促銷等策略
市場區隔及目標市場	將廣大消費者市場區隔開，再從中找到屬於該公司的目標市場
市場定位	如何在目標市場中找到屬於公司在產品及服務上的定位，以提升自己的優勢
了解公司客戶消費者行為	利用客戶體驗及客戶消費了解客戶，並且懂得問問題，然後找到客戶的需求
了解客戶在找什麼	拆解消費者行為及深入了解消費者旅程，以利了解客戶需要什麼及找什麼
提供客戶產品及服務	提供客戶周全及客製化的產品與服務，以創造客戶價值及貼心服務

資料來源：作者自行整理

➕ 表 5－2：目標市場和目標客戶的差異

市場 & 客戶	目標市場	目標客戶
目標	整個市場環境	特定消費者群
行銷策略	市場區隔	客戶差異
行銷目的	了解市場需求 釐清目標客群	提高精準度 提升轉換率
市場區隔 客戶差異	產品定位 產品優化 產品調整	促銷活動 通路管理 售後服務
顧客價值是企業 提供產品與服務	提高企業形象 創造企業價值	提高客戶貢獻 創造客戶價值
行銷對象	品牌行銷 市場接受	產品行銷 客戶接受
市場輪廓 客戶角色	了解市場環境 了解消費者行為	開發新客戶 維繫舊客戶

資料來源：作者自行整理

你的目標客戶在哪找你及何時想到你？

過去的傳統業務中，不管是開發新客戶或是維繫舊有客戶，都是透過電話或是 email 文件給客戶（即使是目標客戶），尤其是開發新客戶上，每位銷售人員幾乎永遠都是在陌生開發。但是現在在數位時代中，是必須要讓顧客主動找到你及隨時想到你，舉例來說過去要賣保險商品或是理財商品給客戶，我們會一通一通的打電話給客戶，通常結果都是拒絕收場或是下次再聯繫，所以客戶的洞察是透過深入了解客戶的需求和行為，現在在數位的時代中，你可以在公司的網站或是在你的個人網站上，建立一個即時聊天功能來開發新客戶或是維繫舊客戶，讓新客戶及舊有客戶可以隨時找到你、隨時想到你。而不像過去傳統的開發方式，都需要一通一通的打電話給客戶，即時聊天功能的軟體或是網站，是最即時、最方便及最有效的方式，新客戶的即時聊天會讓你有效的馬上聯繫而讓客戶感受到重視，舊客戶則不想等著你打開電子郵件，閱讀他們的詢問或投訴，然後在適當的時間回復他們，因為現在的新客戶及舊有客戶都是希望對他們的評論做出即時的回應。

另外從表5-3，可以讓消費者或是顧客，從不同的方式開始注意到而激起渴望想找這家公司或是專業你，及讓客戶可以隨時想到公司及妳，因此記得網路行銷是用來找客戶，而業務是用來成交客戶，所以可以大量利用數位媒體及數位行銷提供最有效的金融行銷。

✚ 表5－3：客戶在哪找公司及專業的妳

方式	客戶在哪找公司及找你	客戶何時想到公司及專業的你
1	利用實體的通路（例如到公司開會的會議室及個人所屬的辦公室）	當客戶需要解決問題時（會想到形象好的公司及專業的你）
2	利用數位的通路（公司的FB社群、YouTube之留言區及個人所建立的Line）	當客戶緊急想找人時（公司建立好的實體通路及數位通路，所以可以立刻找到公司及妳）
3	利用客說會（介紹及說明公司的產品及服務）	當公司及你做出差異化時（重視客戶感受，做出客戶感動，例如客戶生日時，提供專屬客戶禮物）
4	利用論壇（利用專屬的專業論壇讓客戶認識自己的公司及自己）	當客戶要客訴公司時（要善於溝通，面對拒絕及接受拒絕，化危機為轉機及商機）
5	利用自己參加專屬的活動（例如參加讀書會，可以介紹自己的公司及自己）	了解客戶痛點（公司利用客戶體驗及消費時，了解客戶的痛點及不方便點）

資料來源：作者自行整理

你的目標客戶為何選你？
以及如何聯繫你？

-
-

　　在客戶關係管理中，若能從心出發真誠以待，將會讓客戶為你說話。在產品及服務的品牌都能夠深植人心，運用同理心，讓自己聚焦在客戶的服務上及需求上，對待客戶發自內心，就無需自律，從自律、自然到自願。在個人定位上，必需建立專業及培養自我品牌，讓顧客能更加信任自己，甚至主動推薦其他顧客給自己。通常一位業績導向的業務員，常會以自身的立場及業績需求來推薦商品，而不是以客戶的需求來推薦商品，這樣的結果不僅容易引起顧客的反感，甚至會加速顧客的流失。另外通常因價格而來的客戶，也會因價格而離開，因為客戶買的是你而不是產品（參考表5-4），因為你的個人價值遠勝於公司所提供產品的價格，所以必須建立自我品牌的形象及信譽，唯有以價值為基礎的顧客關係，並能讓顧客受益，日後一定有機會得到忠誠顧客的推薦。總之自品牌的建立及公司和個人的價值主張，是顧客對你最好的買點及選擇你最好的理由，因為你能提供差異化及個性化的服務，並能知道顧客的痛點及不方便點，及隨時都知道客戶的需求，及滿足客戶的需求，而產生客戶心中無法替代的產品及服務。

➕ 表 5－4：你的目標客戶為何選你及如何聯繫你

方式	客戶為何選你	客戶如何聯繫你
1	客戶買的是你而不是產品（因為你的個人價值遠勝於公司所提供產品的價格）	自己專屬的網站
2	客戶買的是對你的信用及信任（因為你服務的真誠及熱誠，讓客戶無法取代）	自己專屬的社交媒體
3	客戶買的是你的誠實及同理心（當客戶發現你不實在 1 次時，就會抹煞你先前所有的努力及付出）	自己的 LINE
4	客戶買的是你的主動及積極（一件銷售案的成功，50% 取決於業務員態度的積極與服務）	自己的 E-MAIL
5	客戶買的是你的自律及自制（沒有貪婪想法及行動）	自己的辦公室

資料來源：作者自行整理

案例討論 5－1－1

　　在銀行競爭的放款業務中，房貸業務一直都是各家銀行所競爭的業務。因為現在業務中的房貸業務已經不是單獨的一項業務，房貸業務已經成為銀行搭配理財業務的重要資產，因為不動產可以較股票借款金額來的高及利率來的低，通常房貸業務在銀行的通路中，有建商（例如冠德建設）及代銷（例如海悅廣告）的整批分戶、有信義房屋及永慶房屋的仲介案件、有代書案件及每家銀行的個別客戶進件。但所有的通路中就以整批分戶最為競爭，因為整批分戶的案件中，通常客戶最為優質及多元，因為好的地段及好的建商，通常客戶不只為優質的個別戶，也可能擁有具有資歷及財力的企業戶，由於這樣的客戶擁有高存款或是高優質的理財客戶，所以在這樣的客戶之加持下，將會為銀行產生高貢獻的利潤。由於整批分戶的客戶數夠多，所以通常不會只有一家單獨銀行承做（通常由土建融銀行承作），而是由多家銀行承作，因此在這麼競爭的分戶貸款業務中，銀行要如何脫穎而出，將會由實際的案例中和讀者分享。

案例討論 5-1-2

（1）刷卡機：

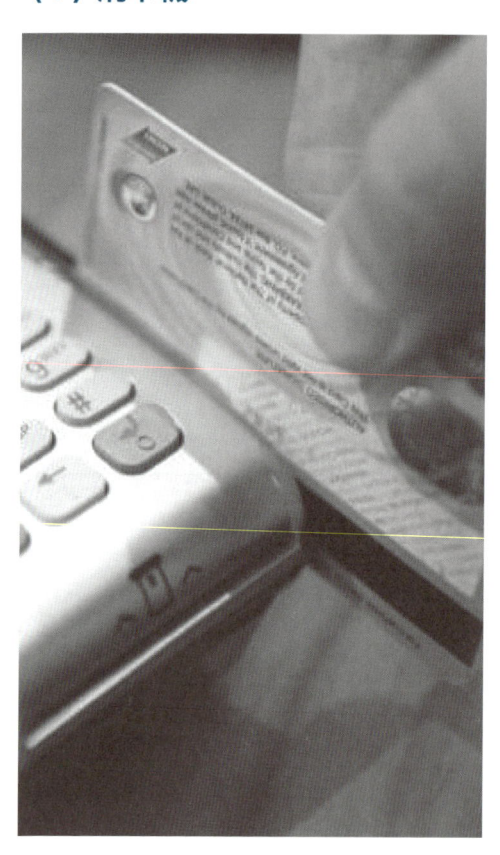

在建商的分戶貸款業務中，建商通常在前置作業中（建商此時如何在銀行之顧客體驗中感受良好），必需考量地要到哪找？錢要到哪借？客戶預售屋的錢要如何透過刷卡機進來？客戶的信託業務要如何承作及建商對於不動產專業知識的獲取要如何獲得？以下將依序和讀者討論在分戶貸款中，銀行可以配合建商的工具及條件。

（1）刷卡機：建商之客戶買預售屋之訂金會使用信用卡預付，因此銀行從業人員可以利用刷卡機切入建商，並以較低的手續費及專業切入，並且配合建商之客戶單筆刷卡金額之上限，及隨時因應建商代銷人員操作刷卡機不熟的緊急應變服務，將來以利建商配合整批分戶貸款。

Chapter 5 如何做好銷售及顧客旅程

案例討論 5-1-2（續 1）

預售屋履約擔保機制：

　　西元 2011 年時，政府規定建商預售屋合約中必須要載明「履約保證」機制，也就是常聽到「預售屋履約保證之機制」，也就是保障民眾對於買賣預售屋的交易安全，因此銀行從業人員主要可以利用不動產開發信託及價金信託和建商切入，若建商該建案為都更或是危老時，銀行從業人員更要配合建商在週六或是週日，和該建案之地主說明信託業務對於地主之保障，因此服務建商信託也是為了將來整批分戶貸款利基。

五種預售屋履約擔保機制

1. 不動產開發信託
由建商或起造人將建案土地及興建資金，信託給某信金融機構或經政府許可之信託業者執行履約管理。

2. 價金返還
建商與金融機構訂定保證契約，建商若未能如期交屋，將由金融機構如數返還消費者已繳納之價金。

3. 價金信託
由賣方與受託機構簽訂信託契約，按信託契約約定辦理工程款交付、繳納各項稅費達到專款專用之目的。

4. 同業連帶擔保
由兩個建商同業相互連帶擔保，若其中一家建商之預售建案無法完成交屋時，另外一家建商應無條件完成本建案後交屋。

5. 公會辦理連帶保證協定
由公會主導，數家建商互相成立協定，若參加協定之建商，發生預售屋建案無法完成交屋之情況，其中之任何一家建商均應無條件完成本建案後交屋。

121

> **案例討論 5-1-2（續 2）**

（3）提供建商每個月不動產資訊及不動產專題報告：

由於建商在推案時，往往想知道不動產資訊、不動產現況及主管機關法令的宣告，例如中央銀行、財政部、金管會及內政部定期所提供的法令及規定，建商負責人及公司高階主管想清楚了解相關規定，及該規定對於不動產的衝擊及因應，希望銀行專業人員能提供建商在不動產資訊上的解析及因應辦法，若能提供該不動產專業知識的解析及解決辦法，將會使該銀行或是從業人員在建商服務上處於差異化的專業服務，及扮演無法取代的角色，並且利用專業取代先前的手續費競價，這是一種銀行及從業人員建立品牌的策略。

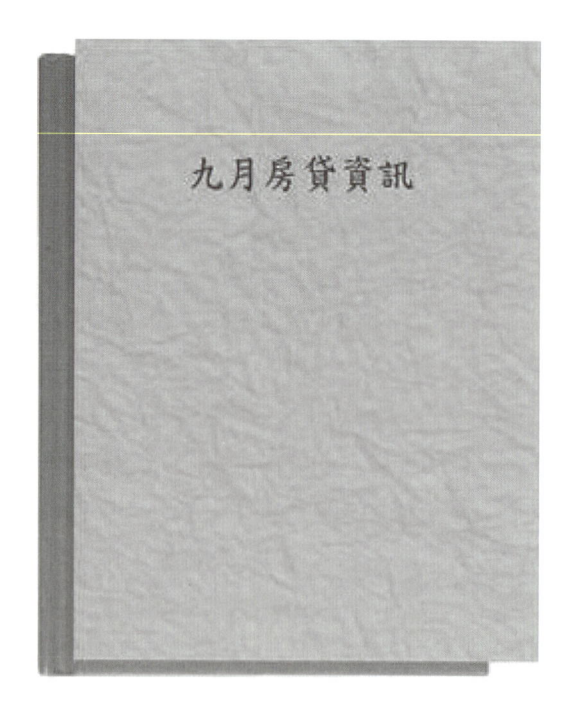

案例討論 5-1-2（續 3）

教育訓練課程-20 大類 160 個課程

(1) 金融市場專題
1. **債券市場現況及介紹**
2. 股票市場現況及介紹
3. 期貨市場現況及介紹
4. 選擇權現況及介紹
5. 共同基金
6. 保險
7. 資產證券化
8. 外匯
9. 不動產
10. 金融市場現況

(2) 不動產市場專題
1. 不動產估價
2. 不動產貸款
3. 不動產投資分析
4. 不動產投資組合
5. 不動產專題
6. 不動產趨勢
7. 不動產科技
8. 不動產數位
9. 不動產稅法
10. **不動產信託**

（4）提供建商負責人及公司人員教育訓練：

由於上市公司的建商，當推案規模越來越多時，所需要的資金及員工將同比例成長。另外小建商的人員由於相對精簡，所以在不動產專業及經驗明顯不足，若銀行從業人員能定期為上述大建商或小建商之負責人及公司內部人員提供教育訓練時，除了能認識該公司所有人員外，更能為該公司所有人員提供不動產專業及不動產因法令所衝擊上的解決辦法，這樣和建商往來的客戶關係管理將更為緊密配合，就如同本章所說，為何客戶（建商）要選你及如何聯繫你。

建立個人品牌是銷售成功的關鍵

個人品牌的真正涵義應該是什麼？是內涵、是專業、是聰明、還是外表，實際上以上都不是，真正個人品牌應該包含了你的價值觀、生命觀、使命感及妳的遠見，唯有具備這樣的理念及價值觀，這樣做起事來才有熱情，才有溫度及服務的熱忱，若只有名片沒有價值，已經不足吸引現代的人來認識你，此時必須建立屬於你的品牌來深入你的能見度及信任度。

首先在建立個人品牌之前，要在顧客身上或是其他人面前展現真誠的自己，其次要透過大量學習及累積經驗培養自己專業，讓顧客相信你可以解決問題及處理問題，也讓顧客感受到你是發自內心及真誠，而不會讓顧客感受到是有目的性的。因此個人品牌跟企業（公司）品牌一樣，如同和企業一樣呈現出它自己的品牌形象及公司價值，讓自己透過個人品牌去樹立自己的專業形象及顧客信任感。總之，在打造個人品牌的過程中，需要先瞭解自己的定位及價值，然後透過自己的定位後實現自我肯定及自我價值，讓自己品牌成為顧客無法比價的無法比較（參考表 5-5）。

+ 表 5-5：個人品牌建立的多元性

品牌建立	內容
唯一性	個人品牌是建立在無可比較的，行銷之前必續建立自己的品牌，建立品牌之前要清楚自己的定位，定位包含自己的價值觀及個人素養等。
價值性	個人品牌是建立在無法比價的，使自己成為產品價值的延伸（能力）及擴增（經驗），這樣的方式更能跳脫產品比價的思維。
獨特性	個人品牌是建立在無庸置疑的，個人品牌若要建立更好，不如將個人品牌建立不同，做個人品牌，其實就是認識自己，讓自己的存在是獨特的及無庸置疑的。
專業性	個人品牌是建立在無可替代的，讓個人專業知識使客戶產生複利，將內容變現，打造個人專家。
行銷性	個人品牌是建立在無所不在的，盡可能多元的管道來接觸到你的目標顧客，讓自己接觸多元。
品格性	品牌是建立在無法形容的，個人品牌承諾和個人信念的堅持，讓客戶所產生的忠誠是無法形容的。

資料來源：作者自行整理

案例問題 5-2-1

　　關於建立個人品牌，在許多人身上有一個很大迷思，就是個人品牌需要社群上建立外在形象，如網紅、名人及公眾人物，或是透過電視上的媒體不斷的播出，由於這部分的比例人數較低，所以我們應該將個人品牌建立不同的多元性，但多元性必須要有重要性區分，如同 80/20 法則，也就是提醒自己用 20% 的時間用在 80% 的重要性，另 80% 的時間用在學習專業及累積經驗，然後透過專業及經驗不斷的累積能力及能見度。在此建議 20% 的時間是用在思考及堅持，思考及堅持是為了達到一種思維的境界及價值的堅持，這樣的時間是不需要花太多，因為這些特質是屬於品德上的觀念，是一種自己的價值觀是否堅持及初衷是否保有，當透過時間的淬鍊而沒有貪念及行為偏差，就如先前所說，您將擁有品牌的唯一性（價值觀及個人素養）、價值性（能力及經驗）及品格性（承諾及信念）。另 80% 的時間則建立行動力、執行力及行銷力，就如先前所說，您將擁有品牌的專業性及行銷性，本案例中將藉由作者過去在海悅國際高管身上看到所謂的品牌的堅持。

案例討論 5-2-2

　　某日該書作者撥電話想和海悅國際高管討論未來業務配合的事項，作者本想因需要配合對方工作，故建議選擇到海悅公司附近用餐討論，誰知海悅高管堅持到作者公司附近用餐，且講好由他付錢，否則就不洽談業務，因此作者只好配合海悅高管做法，用餐中，海悅高管告訴該案（海悅這個建案和 A 銀行配合的內容）配合時必須提供給顧客專業及問題解決，若無法解決必須立即回報海悅國際該建案的經理人，經理人無法處理則必須在隔天馬上回復海悅國際高管，在洽談中真正感受到海悅國際高管在不動產的專業性（品牌的專業性），在對於工作價值觀的堅持（品牌的唯一性）、對於顧客在該建案上品質的承諾，及公司經營理念上及公司信念上的堅持（品牌的品格性）。當洽談後，作者就深深感受到海悅國際在代銷業為何始終保持代銷龍頭，因為從海悅國際高管身上看到對於公司品牌的堅持及經營的理念及信念，及對於該公司在永續經營的負責。

打造個人服務品質能提升客戶顧客旅程

服務的重點在於服務的品質,服務品質的好壞決定於顧客的期望來衡量。通常金融業及服務業的管理,是必須以顧客的角度作為考量的重點,過去 Parasuraman, Zeithaml and Berry(1988)三位學者的研究指出,服務品質已成為相當重要的差異因素及競爭力上關鍵的因素,因此服務品質就是顧客對服務的期望和顧客接觸後感覺到服務間的差距,也就是**服務品質 = 期望的服務 - 認知的服務**。另外許嘉霖(2009)認為服務品質是一種抽象的概念,因消費者主觀差異而產生對服務好壞之判斷的認知差異,即顧客事前期望的服務與接受服務後的實際感受間之比較,通常服務品質與顧客的滿意度及顧客的忠誠度是有因果關係的,也就是當服務品質好就會增加顧客的滿意度及顧客忠誠度,另外也會影響顧客未來購買的意願及且樂於向他人推薦該公司的產品及該公司的服務。

為了打造個人服務品質而提升客戶顧客旅程,我們必須打造更貼近顧客的服務,以提升顧客體驗與建立顧客之忠誠度,由於每個顧客旅程都會有所不同,因此必須在顧客不同的接觸點上,可以有效地滿足不同顧客以

及顧客旅程中不同階段的需求,及透過打造個人服務品質以符合顧客旅程中的滿意度及顧客旅程中的留存度,我們可以從參考表5-6,打造服務品質的方式以提升客戶顧客旅程。

✚ 表5－6:打造服務品質以利提升客戶顧客旅程

方式	打造服務品質的方式	提升客戶顧客旅程內容
1	注意和客戶每個接觸點	確保客戶在每個接觸點都獲得良好的體驗及完善的顧客旅程
2	主動且友善協助客戶	主動友善協助顧客旅程,提升顧客忠誠
3	用心傾聽客戶需求	用心及傾聽服務客戶需求,讓顧客滿意
4	培養良好服務習慣	保持和顧客溝通順暢,讓顧客感受到被重視和尊重
5	服務從細節及貼心做起	在服務過程中要注重服務細節,及立即回應顧客的需求
6	服務流程要透明	服務流程透明,才能知道問題所在,及改善服務品質
7	優化服務流程	優化顧客服務流程,以提升企業效能及效率,及提高顧客旅程

8	提供顧客意見反映管道	企業必須建立每位顧客可以方便提供他們意見的管道
9	提供顧客意見反映管道	要學會面對客訴不害怕,處理危機不擔心,具有面對客戶溝通及處理能力

資料來源:作者自行整理

案例討論 5-3-1

　　店面乾淨的有形、提供顧客正確商品資訊的可靠、親切服務顧客的回應、使用當天批發新鮮素材的確實、及提供顧客等待的關懷,是一種服務品質的堅持,更是公司及員工對於顧客的承諾。管理大師彼得杜拉克曾說:新經濟就是服務經濟,企業存在的目的在創造顧客、服務顧客、滿足顧客,服務就是競爭優勢。在全台最大的餐飲集團王品(2727)集團就是符合上述服務的樣態,日前作者的女兒因住在王品某一品牌青花驕的對面,由於女兒在王品集團對於顧客的服務產生濃濃的興趣而前往面試,很幸運女兒面試後順率錄取,但在面試後主管希望女兒對於王品的經營理念可以了解,於是女兒希望和作者我一起詳讀,內容是王品集團因顧客而生存,有了顧客,王品才能永續經營,顧客的光臨對王品是莫大的恩惠,顧客有恩於我們,我們也要對他們心存感恩、心懷感謝、善解、寬容看待。優質服務源自良好的互動,為顧客多想一點,因為讓我們的恩人感到快樂,恩人就會樂於與我們有「好合作」,最後服務才會有「好結果」,甚至幫我們傳播好的口碑。後來女兒在工作期間,的確在服務上符合上述的王品集團的經營理念,並符合先前所提之打造服務品質以提升顧客旅程,後續說明。

> **案例討論 5－3－2**
>
> 　　作者女兒在王品集團青花驕的品牌工作，看到自己公司在經營及服務上的用心，並將所看到及所聽到的感受告訴作者，作者將內容說明如下：
>
> 　　(1) 注意和客戶每個接觸點：王品集團每個品牌都非常重視在實體通路服務客戶的感受及問卷回應，另外在社群媒體上的互動及經營也非常重視客戶的反應及回饋，因為王品集團常不時推出限時限量的半價優惠活動，因此多能有效吸引消費者躍躍欲試。
>
> 　　(2) 主動且友善協助客戶：第一線人員（女兒及同事在工作時，除了要不斷巡視走動顧客的需求及反應，也熱心微笑地面對顧客的不滿和抱怨），另外現場主管也會時常關心第一線人員服務及提供協助，讓整個服務氛圍上是屬於整個團隊在服務，讓客戶感受到貼心服務。
>
> 　　(3) 具有客訴及危機處理能力：由於女兒在服務過程中是屬於菜鳥者的服務，所以服務中難免無法即時服務顧客，因此仍有遇到顧客的抱怨，但在顧客抱怨過程中，同事及主管會立即主動提供關心及協助顧客，讓客訴上處理可以很及時處理客戶不滿，並且也讓客戶感受到是整個團隊用心處理而感受到重視而減少不悅。

※ 本章重點導覽

　　1、你的目標客戶是誰：「目標客戶」是一群你公司提供的產品和服務所瞄準的客戶。

　　2、你的目標客戶在找什麼：懂得問問題、了解客戶，找到他的需求。

　　3、你的目標客戶到哪找你：利用不同通路，讓客戶可以順利找到你。

　　4、你的目標客戶何時想到你： 要主動隨時能站在顧客前面幫忙解決

問題,且能有能力、專業及熱誠解決問題,讓顧客有安全感及信任感。

5、你的目標客戶為何要選你: 讓顧客覺得真誠、專業且獨一無二。

6 你的目標客戶如何聯繫你:在目前的數位時代中,你要讓客戶主動聯繫你。

7、了解目標市場和目標客戶的差異,如何辨識目標市場和目標客戶,及辨識客戶然後開始發展客戶及拓展客戶

8、建立個人品牌是銷售成功的關鍵,個人品牌的真正涵義應該是什麼?是內涵、是專業、是聰明、還是外表,實際上以上都不是,真正個人品牌應該包含了你的價值觀、生命觀、使命感及妳的遠見,唯有具備這樣的理念及價值觀,這樣做起事來才有熱情、溫度及服務的熱忱。

9、如何透過個人品牌去樹立自己的專業形象及顧客信任感,在打造個人品牌的過程中,需要先瞭解自己的定位及價值,然後透過自己的定位後實現自我肯定及自我價值,讓自己品牌成為顧客無法比價的無法比較。

10、個人品牌如何建立的多元性,個人品牌多元性包括個人品牌唯一性、個人品牌價值性、個人品牌獨特性、個人品牌專業性及個人品牌品格性。

CHAPTER

數位行銷與客戶關係管理

在這個數位時代，數位行銷已經成為企業(公司)行銷品牌及產品成功的關鍵之一，並且企業行銷的種類也越來越多元化，不再像過去傳統的單向打電話或是實際登門拜訪的陌生開發。現在數位行銷已經轉向於與消費者之間的雙向互動往來，數位行銷的觀念已經普及到企業，及企業內的所有部門都在推行數位行銷，數位行銷改變客戶對資訊的提供，補足實體通路對客戶資訊的不足。現代數位行銷包括過去最傳統的電子郵件行銷、休閒娛樂的影片行銷、個人化及創造深度的內容行銷、增加搜尋流量和網站曝光度的搜尋引擎最佳化(SEO，Search Engine Optimization)及目前最流行的社交媒體行銷。目前社群行銷包括Facebook、Instagram、Youtube及PTT等，由於社群行銷也是數位行銷的一種，但每種社群平台的定位與使用都不盡相同，因此凡是透過數位媒體的行銷方式，都可以稱為數位行

銷。其實數位行銷策略可協助行銷人員設定目標、鎖定客戶，以及開發最能觸及的消費者，並且可以協助企業推動數據導向的行銷策略，及運用數據及數位以拓展公司的品牌影響力。總之，客戶關係管理是一種結合策略、數據和數位的綜合系統，是可以幫助企業更深入了解顧客的需求，數位也可以加快和客戶溝通及行銷，達成一種以顧客為中心的商業理念。

數位行銷是什麼？
和傳統行銷的差異性

何謂傳統行銷，傳統行銷是在數位科技興起之前就已經存在的行銷方式，它代表所有非線上執行的行銷工作（也就是非數位行銷），它過去主要依賴是實體的媒介，因此被稱為線下行銷或是傳統媒體行銷，其中包括電視及廣播（透過節目廣告專門的特定時段）、電話銷售及業務按鈴（皆屬於陌生電訪及拜訪）、報章及雜誌（屬於特定閱讀的族群）等。由於傳統行銷方式，無法掌握行銷的對象，因此企業（公司）只能花費更高行銷預算及更多銷售人員，以確保所有消費者都能接收到電視播出或是廣告訊息，但最後的結果常常是造成成本高昂、缺乏客戶互動性及無法精準鎖定目標客戶。由於傳統行銷的成本很高，尤其是電視和廣播廣告的費用，由於電視廣告是傳統行銷中較為人知的方式之一，也是觀眾較為直接及普遍接觸的方式，因為它可以涵蓋大多數觀眾，並且可以在短時間內建立企業（公司）的品牌知名度及品牌形象度，但由於難以評估廣告效果，及難以量化的行銷指標，例如品牌知名度和企業形象，加上廣告宣傳後難以掌握和客戶直接接觸和互動，因此就造成數位行銷的竄起，由於數位行銷可以利用

數位與科技傳播給觀眾，並可以有效地與消費者溝通，加上數位行銷工具較多，所以企業（公司）或品牌已經由過去傳統的行銷方式，慢慢轉移到數位行銷上，因此現階段數位行銷已經佔整個企業或品牌的行銷預算之百分比也愈來愈高，故未來數位行銷將在企業中扮演舉足輕重的地位，及具有較傳統行銷的**差異性及優勢性**（參考表6-1），企業不能不正視它。

　　數位行銷的英文是「**Digital Marketing**」，所謂數位兩個字通常是指**電腦或電腦相關的電子設備**，數位行銷是透過**電腦或網路**所進行的行銷方式，這種方式就稱之為「數位行銷」。我們常看到的數位行銷有傳統的**簡訊及電子信箱、內容行銷及搜尋引擎**(SEO)等都可以叫做「數位行銷」。由於企業（公司）可以將數位行銷提供顧客後，然後將顧客資料中產生和公司往來各種交易的數據，其數據可以利用大數據分析執行數位行銷後得到有價值數據，並從這些數據中找到有商業價值的客戶，然後將公司**有限的資源及客戶權益**提供給有貢獻度的客戶，未來有貢獻的客戶將會為企業創造更高的利潤及更多的獲利，因此在數位行銷的使用下，將會為顧客及企業創造雙贏的效果。

　　其實企業不得不重視現代的數位行銷，因為網路使用者愈來愈多及數位科技越來越進步，過去傳統的電視、電台及報章雜誌等媒體的使用者卻是愈來愈少，因為網路的到來，徹底改變大部分人的生活方式及生活習慣，所以現在的企業若不重視數位行銷，將來就會被競爭者迎頭趕上甚至超越，因此企業**重視數位行銷及使用數位行銷**的優勢為何，我們將數位行銷的優勢提供於表6-2。

許多企業(公司)並不理解數位行銷與傳統行銷之間的差異，因此企業必須深入了解數位行銷和傳統行銷之間的差異，以及兩者之間的優劣勢，公司也必須不斷的應對市場變化的改變，要將數位行銷與傳統行銷的**優劣勢視為互補而不是比較**，例如廣播、電銷等傳統行銷方式，對於當地消費者的促銷特別有效，因為透過這些方式可以有效的覆蓋特定之消費者群。另外南部的消費者也因較為**熱情及重情**，所以透過**親自拜訪及親自訪談**，也常有意想不到的好結果。至於數位行銷可以彌補全球數位化的到來，及無國界的訊息之傳送及接送，因此將提供了具有經濟效益的客戶連結。所以即使在傳統行銷的工作者及執行者，也感染到科技的連結及環境的變遷，因為數位化的到來已經改變每個人的生活環境，因此未來將會結合**數位行銷與傳統行銷的創新**，然後產生**數位化和傳統化的綜效**，例如企業可以結合數位和傳統來源的數據，然後利用大數據分析而全面地**了解消費者行為**，採用數位科技和傳統廣播的結合來**擴大消費者範圍**，創造公司及顧客最大的價值，故企業的未來及競爭力，將有賴於**數位行銷和傳統行銷的互補及整合**，讓數位行銷及傳統行銷的結合產生最大的綜效。

✚ 表6-1：數位行銷和傳統行銷的差異性

傳統行銷	數位行銷
1、以產品為中心	1、以消費者為中心
2、單向傳播	2、雙向互動
3、企業預算不好調整	3、企業預算彈性高及好調整
4、缺乏即時回饋	4、較容易即時回饋
5、接觸顧客廣度小，即使透過電視和電台行銷，其接觸顧客範圍仍然較窄	5、接觸顧客廣度較高，例如社群行銷的FB、PPT及部落格
6、行銷效果較弱，由於客群鎖定不易，所以需要使用更多的預算及廣告增加企業及品牌的曝光度	6、行銷效果較強，數位行銷所產生的資料較大，故可以利用大數據分析產生目標客群及優質客戶
7、傳統行銷工具較少，傳統行銷主要工具為電視廣告行銷及電台廣播行銷，其次為報紙及雜誌等行銷，其餘主要為電話行銷及陌生拜訪等	7、數位行銷的工具較多，其數位行銷工具主要為電子郵件、影視(YouTube、Netflix、Hulu)、及社交媒體(Instagram、TikTok、Facebook及Twitter)

資料來源：作者自行整理

✚ 表6-2：數位行銷在客戶關係管理的優勢

數位行銷的優勢	內容
1、門檻低且即時性高	數位行銷的工具多及學習門檻低，另外數位行銷具有企業和客戶雙向溝通的特性，所以在社群平台上可以收到及看到消費者的留言和評價
2、擴大市場及範圍優勢	數位行銷的範圍幾乎是無國界的，因為數位行銷可以提供不同傳播的平台，例如網站、社交媒體FB及電子郵件，可以讓企業能夠接觸更廣多的消費者
3、預算調整性高	數位行銷預算比起傳統行銷具有較高的預算彈性，且預算高不見得在數位行銷效果較好，而且數位行銷具有累積效果，例如SEO只要維持就可以連續不斷的達成效益
4、數位數據精準回饋	數位行銷經由大數據分析，可以有效產生精準數據及目標客群，並且分析結果可以優化未來客戶關係管理

資料來源：作者自行整理

數位行銷目的
及使用數位行銷工具

-
-

　　在少子化及先前疫情的衝擊下，企業已經逐漸進入全面作業數位化及知識數位化的時代，加上現代人生活上需求及工作上使用數位科技，所以企業及個人都必須正視及適應數位化的年代，以及數位環境的改變。如過去新冠肺炎疫情自 2020 年 1 月起在全球各地爆發後，是嚴重衝擊並改變了大家生活上、社交上、工作上及經濟上等模式，並且由於台灣正面臨少子化，因為從 2023 年第四季到 2024 年第一季，企業人才需求增加 4.9 萬人及缺工率 73%，企業必須平均 47.7 天才能招募得到人才，所以未來企業使用數位行銷的目的 (參考表 6-3)，是藉此降低疫情及少子化的衝擊，另外企業及組織更要實現知識數位化及作業數位化，才能打造讓員工專注創造價值及企業永續經營。最後，從個人的日常生活、社會互動到一個國家的產業經濟發展，都必須認識數位行銷及使用數位行銷工具。

✚ 表6-3:數位行銷的目的

使用目的	內容
1、企業及品牌的建立	透過數位行銷可以創造企業網路高分量及企業能見度，因此透過數位行銷，較可以建立企業品牌及企業產品的形象，讓潛在客戶對企業品牌及產品更有印象
2、提高企業及品牌知名度	透過不同的數位行銷工具，能提高企業品牌資訊及增加企業產品曝光的速度，由於打造企業品牌能見度，能讓客戶透過不同的數位平台和企業往來
3、提供客戶價值服務	透過數位行銷和大數據分析，可以更精準知道客戶產品需求及精準服務
4、促進銷售與服務	根據統計90%消費者在購買前，會在網路搜尋資訊，因此現在企業及準備創業的企業主，都很重視數位行銷的觀念與使用
5、降低少子化及疫情衝擊	要實現知識數位化及作業數位化，才能降低少子化及疫情衝擊，並且創造企業價值及企業永續經營

資料來源：作者自行整理

　　數位行銷中的內容和過去傳統行銷的內容是有差異的，數位行銷內容是以數位形式創新與創作，內容包括**文字、圖片、音樂、影片及動畫等**，這些內容是以**數位和科技的結合**，並透過數位平台及網路技術和消費者聯繫和接觸，其中內容行銷最具代表。內容行銷（Content Marketing）是一種**數位行銷策略**，其核心價值在於**建立連結並分享有價值之資訊**，其中資訊內容彼此相關且一致性，內容行銷不是直接推銷產品，而是透過解決問題的內容來吸引人的，其內容不僅深入淺出且引人注意，所以常常一推出就讓消費者想到他們。並且內容行銷可以**長期累績品牌及產品價值**，並且可以建立**品牌形象及口碑**，提高企業和產品的能見度，另外內容行銷可

以**互補傳統行銷的廣告效果**，因為廣告效果是**短期促銷品牌及商品**，並可以大量曝光在消費者面前，例如百貨周年慶、建商及代銷推出預售屋新案及新品上市等，因此廣告效果與內容行銷各有**不同的優勢與適合的行銷的活動**，所以企業在施行行銷時，可以妥善應用**廣告和內容行銷**的時機及活動。另外可以和內容行銷互相結合及互補**的搜尋引擎最佳化 (SEO，Search Engine Optimization)**，可以更增加企業整體數位行效的效果，因為**內容行銷與搜索引擎優化（SEO）**內容彼此密切相關，**內容行銷**（參考表 6-4）優質的內容將有助於提升該品牌及產品在網站的搜索引擎排名，進而吸引更多消費者的流量。

SEO 全名為「Search Engine Optimization」，SEO 中文全名為「搜尋引擎最佳化」，又稱作「搜尋引擎優化」(參考表 6-4)，執行 SEO 的目的是讓你的網站更快被搜尋引擎發現，並且在搜尋結果中能得到更多的**能見度及流量**，並讓公司的網站可以**獲得更高的排名**，這樣就可以增加更多**潛在顧客**的機會，進而增加公司**業績及獲利**。

在實務上及應用上，我們希望自己的網站能夠出現在 Google 搜尋的網站上，而增加在 Google 搜尋結果的排名主要有兩種方式，其方式大概可以分為「**技術 SEO**」與「**內容 SEO**」兩個面向作為探討，第一種在技術上的 SEO 主要是在技術上及分析上的工作，因為正確的**搜索引擎優化及網站頁面最佳化**，可以帶來更多的網站流量與品牌曝光，第二種內容 SEO 則必須要提供優質的內容及完善的使用者體驗，由於內容 SEO 是 SEO 佔分最大的區塊，搜尋引擎會優先排名符合「搜尋方向」的文章內容頁面，

因此即使技術 SEO 再怎麼優化及簡化，若沒有帶出優質有用的文章內容（內容 SEO)，在 Google 搜尋的網站上是不會有排名效果的，所以內容行銷反而是最重要的，因為根據內容 SEO 的資料量，搜尋引擎會判斷是否呈現資料給使用者，因此當你內容 SEO 的資料與使用者搜尋方向的相關性越接近，則將會有更高的機會曝光。總之，**SEO 是面對搜尋引擎，內容行銷是面對消費者，SEO 需要的內容及連結**，可以用**內容行銷來打造及創造**。

什麼是**影音行銷**？影音行銷是一種利用影片內容或是音頻內容，來推廣公司產品及提高公司服務的行銷策略，影音行銷是可以用在**搭配內容行銷的**，是利用不同的影音類型來吸引消費者，因為分享影音行銷是為了吸引更多的消費者來關注內容行銷，所以透過影音行銷是更能推廣公司業務，並加深顧客的吸引力和提升顧客參與度。

通常內容行銷會更為豐富，是因為經由影音行銷搭配使用，是使用影片或是音頻內容，來進行品牌曝光及產品推廣的一種行銷方式，且人們在**觀看影片注意力通常比閱讀文章要長**，這種行銷方式通常是透過社交媒體或網絡平台進行的，如 YouTube 和 Facebook 等平台進行和顧客保持接觸與回應。由於影片或是音頻的展示與播放，是更加深**潛在客戶的注意力及增加客戶體驗的方式**，尤其社交媒體的普及與網路使用人數的增加，影音行銷 (參考表 6-4) 已經是社交媒體不可缺少的行銷方式。如短小精悍的影片能夠在很短的時間內傳達產品的重點，並吸引消費者的目光及提升能見度，現在年輕人最流行直播行銷，還可以讓企業或是個人更加直接與消

費者建立關係，並在直播行銷過程中收集消費者的反應和意見。隨著人工智慧（Artificial Intelli-gence，簡稱 AI）技術的快速發展，生成式的 AI 將會在影音行銷領域上應用，並將成為下一個影音**行銷發展的里程碑**，在數位行銷中扮演最重要的角色。

什麼是**社群媒體行銷**？社群媒體行銷是透過**經營社群媒體**的數位行銷方式，並將公司品牌及產品訊息傳遞給消費者或是潛在顧客，這是透過社群媒體進行宣傳及促銷，進而提高品牌知名度、增加流量及吸引潛在顧客和往來舊有顧客。目前可以善加使用社群媒體的工具主要有 Facebook 及 Instagram，由於社群媒體行銷的優勢在於能迅速和顧客傳遞及接觸，並且和顧客產生互動及回饋，進而和顧客建立良好的關係。

社群媒體行銷中所提供的社交平台（參考表 6-4），其主要功能和作用是企業或是個人為了宣傳目的，在社群網路上**創造特定訊息或內容**，並且想要增加和顧客的高互動性及深聯繫性。因為企業、品牌或是個人，可以通過社交平台與顧客進行對話及溝通，甚至建立社群或是生態，目的是讓顧客更認識該公司、該品牌或是該個人，其最終的目的都是讓顧客**喜愛這個公司及這家公司的產品和服務**，最後進而購買這家公司的產品。

由於社群媒體行銷也是**網路行銷的一種**，並且和**內容行銷**有著不可分割的關係，因它是個人或是群體透過群聚過程的網路服務，所以社群行銷的方法或手段，是透過**社群提案規劃和發想文案**，並將社群媒體上線時帶來的流量加以追蹤及分析，進而讓企業的品牌及產品可以脫穎而出。

✚ 表6-4:數位行銷工具的主要種類

數位行銷工具	內容
1、搜尋引擎最佳化 SEO	執行 SEO 的目的是讓你的網站更快被搜尋引擎發現,並且在搜尋結果中能得到更多的能見度及流量,讓公司的網站可以獲得更高的排名
2、內容行銷 Content Marketing	內容行銷之核心價值在於建立連結並分享有價值之資訊,其中資訊內容彼此相關且一致性,內容行銷的內容不是直接推銷產品,而是透過解決問題的內容來吸引人
3、影音行銷 Video Marketing	影音行銷是一種利用影片內容或是音頻內容,來推廣公司產品及提高公司服務的行銷策略,通常內容行銷會更為豐富是因為經由影音行銷搭配使用
4、社群媒體行銷 SocialMedia Marketing	社群媒體行銷是透過經營社群媒體的數位行銷方式,並將公司品牌及產品訊息傳遞給消費者或是潛在顧客

資料來源:作者自行整理

過去傳統的行銷方式 (參考表 6-5) 若運用在現在的市場上及不同產業上,還是**仍具有影響力**,例如一些**傳統的產業或是行業**,如製造業、零售業及金融業,傳統行銷仍然具有較大的影響力,例如透過電視及廣播則是可以選擇在特定的時間 (例如特定的時間選擇插播電視廣告或是廣播,通常時間為中午用餐休息時間),及特定的族群上 (例如保力達 B,強調男人的辛苦,在飲用率最高之三族群為營建工 /21.9%、體力搬運工 /17.8% 和農林漁牧人員 /14.4%)。所以電視廣告或是廣播,通常適合在特定的時間播出在**特定的族群上。工商報紙或是經濟日報**等報紙,則是適合投資人在早上必讀的報紙,這群投資人也就是特定投資理財的族群。另外穿搭或是休閒等雜誌,就是適合對於穿著打扮,或是享受休閒旅遊的客群最為適合,

這類雜誌容易**反覆翻閱及累積旅遊**的實體資料，並且較能針對特定目標客群做行銷，不過現在企業為了因應數位化，慢慢已經傳統行銷的雜誌內容實體書轉而投資在數位化的電子書上。

至於數位行銷的適合的活動說明如下，由於在消費者**從認知到產生購買行為的過程中**（參考圖 6-1），傳統行銷必須和數位行銷一起搭配使用。例如一個預售屋的建案推案（舉例國揚建設推案國陽光河，代銷公司為海悅國際），在國陽光河推案之前，會有人在外面發宣傳單或是海報，或是在報紙刊登、不動產雜誌刊登，當先前的廣告一波做完後（傳統行銷的前置作業），並會在之後推**國揚山河建案說明會（傳統行銷的後製作業）**，由於該**建案的地點及建商品牌**好，加上海悅國際原本就是代銷的龍頭，所以在說明會的氛圍及專業主持人的說明營造下，當天就有許多組的客戶下訂單。另外沒有當天下訂單的消費者，就會回家後開始打聽該建案座落的位置之未來發展性及交通性，打聽的來源不是找認識的人打聽，就是經由 Google 搜尋引擎來了解該建商的形象及該建案的價值，或利用內政部實價登錄系統查詢該建案附近的價格。當搜尋資訊足夠且購買該商品的價格符合自己的預算後，就會產生行動購買該建案的預售屋，因此該建案傳統廣告與數位行銷之內容行銷及搜尋引擎，各有不同的優勢與適合的活動，所以必須利用雙向經營的內容行銷與廣告促動下，由於兩者彼此相輔相成及互有優劣，因此必須最大化該建案的行銷優勢，企業才能深化和顧客溝通及建立彼此信任度，提升顧客需求及創造雙方彼此最大價值。

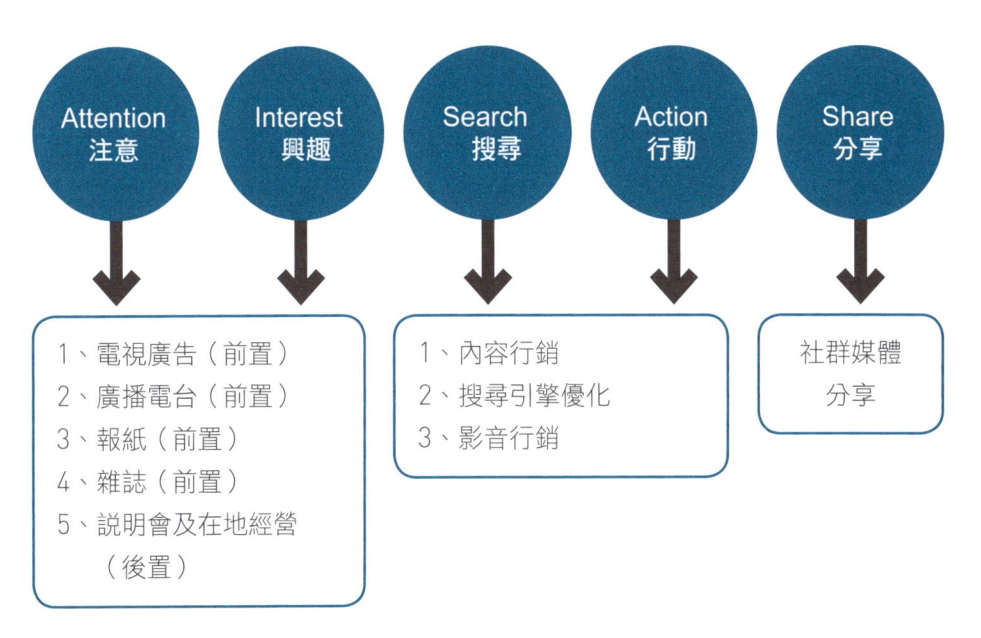

圖6-1：消費者旅程模型

Attention 注意
1、電視廣告（前置）
2、廣播電台（前置）
3、報紙（前置）
4、雜誌（前置）
5、說明會及在地經營（後置）

Interest 興趣

Search 搜尋
1、內容行銷
2、搜尋引擎優化
3、影音行銷

Action 行動

Share 分享
社群媒體分享

（1）許多的傳統產業(如不動產業、旅遊業或是金融業)的產品或是商品，消費者旅程就從注意及感興趣後，跳過搜尋或是比較的過程，直接進入行動產生購買。

（2）由於現在的資訊非常透明，加上現在的人非常忙碌，所以大部分的消費者在廣告及社群獲得資訊，現在的人因為忙碌，所以利用過去傳統行銷接受資訊的人慢慢減少，反而是在社群媒體接觸內容行銷的居多，當在內容行銷的廣告接觸產生興趣後，就會在 Google 搜尋這個商品的評價，當搜尋之結果為正面後就會採取行動購買和分享。

✚ 表6-5:傳統行銷及數位行銷適合的活動

行銷種類	內容
電視廣告 (傳統)	由於短期促銷與曝光,所以容易短期增加銷售業績及提升獲利,例如百貨周年慶、建設公司及代銷推案和新品上市等
內容行銷 (數位)	企業形象及產品印象的建立時,內容行銷可以提供讓消費者有興趣素材及有內容題材,並且長期穩定的定期推出素材,及建立和消費者長期溝通的平台和品牌
搜尋引擎最佳化 (數位)	企業或是公司經營網站時,如果想要業績成長並且獲取客戶的信任及追蹤時,企業或是公司所提供的內容行銷搭配 SEO 絕對是最好的行銷組合與首選,因為企業或是公司若只專注 SEO 技術面,是不夠讓消費者多認識及多產生信任的,其企業或是公司的內容行銷與 SEO 技術得雙管齊下後,會讓公司的網站提供更高的體驗及流量產生的,故搜尋引擎最佳化的使用時機必須在內容行銷做完後接續做

資料來源:作者自行整理

案例討論 6-1-1

我們熱愛生活於此的土地,1982 年以「誠勤築居」理念投身營造事業,為提供全面性的服務,逐步發展完整建設體系,四十年來真誠以對,建築出無數令人安心與舒適的建築。當生活需求與工作型態快速變遷,達永從中觀察人於空間的需要,不複製市場同質產品、不為既有格局囿限,改變居住空間淪為制式公規無機體的市場現況。我們期待創造居於城卻不為之所限的突破,回應當代居住者對自由、不受拘束的生活嚮往。(達永建設網站)

「達永機構」創辦人莊文欽董事長自 1977 年投入建築事業以來,秉持永續經營的理念,1992 年開始調整營運方向,將「開發」、「規劃」、「營造」、「建設」、「行銷」全部垂直整合到位。於 1992 年成立「達永建設,現在達永建設近年來屢屢藉由聯名、跨界、翻玩創造建案話題,像是 180 天消失的和平青鳥書店、把傳藝中心搬入市區的消失製造所,結合咖啡廳、餐廳、潮流書店、消失製造所等創新語彙,讓接待中心不再只是接待中心,搖身一變還成了網美熱門打卡點。這些想法打破消費者對於傳統建商印象,這些想法及概念都出自於達永建設董座莊政儒(原創辦人接班人)。後續將會介紹其作品。

案例討論 6-1-2

　　頂著台大、北京大學高學歷，少了上市建設公司需對股東與財報負責的壓力，創意無限發揮，憑藉著夠創新、夠大膽、敢挑戰的執行力與魄力，將冰冷的接待中心搖身一變為充滿人文與溫度的咖啡廳，莊政儒分享表示，我本身不懂咖啡，純粹只是覺得接待中心讓人太有距離感，如果能把這空間，轉變為是一個讓人更願意逗留的地方，空間就有其價值。（達永具有創新、創意及創造）

資料來源：作者自行整理

案例討論 6-1-2（續 1）

傳統行銷 1：吉祥‧如藝—電視廣告

低自備款風潮愈演愈烈！達永建設及新潤機構首度攜手合作的台北市信義區百億指標大案「吉祥‧如藝」，2024 年祭出超殺「低首付」專案，首度殺進台北市基隆路、永吉路口的蛋黃區，入手門檻壓低到 49 萬元，幫助年輕世代，住回台北市！

傳統行銷 2：
達永建設之達永食堂餐廳在地內湖經營和當地的互動

案例討論 6-1-2（續 2）

數位行銷（直播）1：
達永建設董事長接受 POP radio 專訪經營理念

　　直播是一個目前極受歡迎的數位行銷方式及新潮的行銷策略，它不僅能拉近公司、品牌及產品和消費者之間的距離，也能直接增進消費者對公司的信任及對產品的信賴，達永建設莊董事長在直播中暢談公司的經營理念，在直播中增進人與人之間的連結。

數位行銷（FB）2：
達永建設 FB 經營達永食堂和消費者的互動

除了傳統行銷及數位行銷外，
更重要的是服務

-
-

　　當前環境持續變動，經濟的變化也持續地進行中，大型連鎖服務業或是獨資的服務業，除了傳統行銷及數位行銷外，更重要的還是實質超出客戶期待的服務。因為好的服務可以讓消費者除了願意分享自身體驗外，還要能夠回購與推薦給別人。所以現在無論您的公司或是餐廳剛開業，還是已是成熟的公司或是餐廳，都必須透過線上的社群平台與消費者互動，更重要的是線下滿足客戶的期待及真誠用心的服務。因為好的服務，客戶才會正面推薦您的品牌及商品，反之壞的服務，客戶同樣會負面抱怨你的品牌及商品。現在隨著科技演進與數位化的時代下，公司、餐廳或是店家，可以運用的行銷工具越來越廣泛且多元，一間餐廳經營的店面之基礎行銷，一定少不了的 Facebook 社群經營，另外經營的店面資訊也將會同步顯示在 Google 地圖上，這樣的方式可以增加曝光度，加上 Google 的評論功能，可以讓消費者看到餐廳的評價，評論分數越多且評分高的店家，Google 也會優先推薦給其用戶，累積用戶的正面評論有助於店家或是餐廳可以長期經營與發展，加上現代人喜歡看評論再考量是否要去用餐或是參

Chapter 6 數位行銷與客戶關係管理

觀,所以為什麼店家或是餐廳非常重視 SEO(搜尋引擎),另外店家或是餐廳在線下實質的服務,才能真正落實得到 GOOGLE 評價的肯定。

案例問題 6-2-1

傳統行銷 1:吉祥・如藝—電視廣告

龜吼藍藍海咖啡
4.2 ★★★★ (506) · $200-400 · 咖啡廳

什麼是 GOOGLE 評價,簡稱「Google 評價」的「Google 地圖評論和評分」,該 Google 評價綜合了給分星等機制的評分以及不限字數的評論兩個部分,其中評分的星等最高為五顆星,最低為一顆星;目前台灣的消費者普遍認為 4.0 分或是 4.0 分以上的評分為高評價,1 分或是 1 分以下為低評價,左圖萬里景觀餐廳為作者日前慕名前往喝下午茶的餐廳,後續將了解該景觀餐廳為何可以在 GOOGLE 評價為高評價。

151

案例討論 6-2-2

作者觀察到龜吼藍藍海 CAFÉ 為何可以獲取高評價分數，說明如下：

1、龜吼藍藍海 CAFÉ 餐廳擁有好地點及好美景。
2、該餐廳重視線上經營 FB 及 SEO。
3、該餐廳老闆娘擁有熱情的微笑及貼心的服務，並無時無刻重視消費者需求及反應，另外老闆娘常常大方招待該餐廳的招牌點心
4、用過該餐廳的消費者常常線上及線下推薦該餐廳的美食，及該餐廳的美景和老闆娘的親切服務。

登入或註冊 Facebook 即可和親朋好友以及認識的人聯繫。

※ 本章重點導覽

1、在這個數位時代，數位行銷已經成為企業（公司）行銷品牌及產品成功的關鍵之一。

2、數位行銷包括過去最傳統的電子郵件行銷、休閒娛樂的影片行銷、個人化及創造深度的內容行銷、增加搜尋流量和網站曝光度的搜尋引擎最佳化（SEO，Search Engine Optimization）及目前最流行的社交媒體行銷。

3、由於社群行銷也是數位行銷的一種，但每種社群平台的特定與定位都不盡相同，所以舉凡透過數位媒體的行銷方式，都可以稱為數位行銷。

4、傳統行銷是在數位科技興起之前就已經存在的行銷方式，它代表所有非線上執行的行銷工作（也就是非數位行銷），它依賴的主要是實體的媒介，因此被稱為線下行銷或是傳統媒體行銷。

5、數位行銷的英文是「Digital Marketing」，「數位」兩字通常是指電腦或電腦相關之電子設備，數位行銷是透過電腦或網路所進行的行銷方式，這種方式就稱之為「數位行銷」。

6、數位行銷與傳統行銷的優劣勢，視為互補而不是比較。

7、未來將會結合數位行銷與傳統行銷的創新，然後產生數位化和傳統化的綜效。

8、數位行銷的優勢分別是門檻低且即時性高、擴大市場及範圍優勢、預算調整性高及數位數據精準回饋。

9、在少子化及先前疫情的衝擊下，數位化已經逐漸進入企業全面作業數位

化及知識數位化的時代,加上現代人生活上需求及工作上使用數位科技,所以企業及個人都必須正視及適應數位化的年代,及數位環境的改變。

10、數位行銷的目的分別是企業及品牌的建立、提高企業及品牌知名度、提供客戶價值服務、促進銷售與服務及降低少子化及疫情衝擊。

11、另外可以和內容行銷互相結合及互補的搜尋引擎最佳化(SEO,Search Engine Optimization),可以增進企業整體數位行銷的效果,因為內容行銷與搜索引擎優化(SEO)內容彼此密切相關,內容行銷的優質內容將有助於提升該品牌及產品在網站的搜索引擎排名,進而吸引更多消費者的流量。

12、SEO 全名為「Search Engine Optimization」,SEO 中文全名為「搜尋引擎最佳化」,又稱作「搜尋引擎優化」。

13、在實務上及應用上,若我們希望自己的網站能夠出現在 Google 搜尋的網站上、增加在 Google 搜尋結果的排名主要有兩種方式,其方式大概可以分為「技術 SEO」與「內容 SEO」兩個面向作為探討。

14、什麼是社群媒體行銷?社群媒體行銷是透過經營社群媒體的數位行銷方式,並將公司品牌及產品訊息傳遞給消費者或是潛在顧客。

15、數位行銷工具的主要種類分別是搜尋引擎最佳化 SEO、內容行銷(Content Marketing)、影音行銷(Video Marketing)及社群媒體行銷(Social Media Marketing)。

16、當前環境持續變動,經濟的變化也持續地進行中,大型連鎖服務業或是獨資的服務業,除了傳統行銷及數位行銷外,更重要的還是實質超出客

戶期待的服務。

17、什麼是 GOOGLE 評價，簡稱「Google 評價」的「Google 地圖評論和評分」，該 Google 評價綜合了星等機制的評分以及不限字數的評論兩個部分，其中評分的星等最高為五顆星，最低為一顆星；目前台灣的消費者普遍認為 4.0 分或是 4.0 分以上的評分為高評價，1 分或是 1 分以下為低評價。

CHAPTER

如何利用商業模式執行客戶關係管理

　　有效的客戶關係管理，是可以利用商業模式執行客戶關係管理，若在先前已經透過大數據分析，是可以讓企業在行銷及業務上，在客戶關係管理上更精準及更有效率，並且在利用商業模式運用更可以為客戶創造價值及提供企業鎖定目標客戶。當鎖定目標客戶後，我們可以利用關鍵資源、關鍵伙伴及關鍵活動，探討目標顧客的行為及顧客的需求。若顧客的行為及需求了解後，企業就可以利用價值主張，解決顧客的痛點及不方便點，經過企業主張及溝通解決後，顧客便可以放心及安心在該企業不同的通路上開始購買。總之，如何爭取新顧客及維繫舊顧客，一直都是企業重視的課題，因為企業花了許多行銷費用，都是為了不斷的增加客源及增加顧客的消費，唯有這樣才可以提高企業營業額及企業收益流。

　　以企業經營的角度及顧客管理的角度來看，企業最終的目的就是獲利

才能永續經營。企業的永續經營不是口號而是行動，這行動就是企業在經營顧客關係管理上，必須要有一套完善且成功運作的商業模式，並且在目標顧客確認後及成本合理的情況下向顧客提供價值，當顧客被提供價值後，顧客就會很願意的產生購買行為，顧客購買行為產生後，未來企業就可以產生穩定的收益流或是現金流，因此唯有成功的商業模式及落實顧客關係管理，才能讓企業穩定獲利。

公司商業模式及個人的商業模式是什麼

商業模式是為了讓企業實現資源有效化及價值最大化,讓企業之股東、顧客、員工及合作夥伴四方都可以滿足,簡單來說商業模式是為了讓企業可以獲利及創造利潤的工具與方法,並且該商業模式是可以應付企業內外部環境的變化及競爭,商業模式內容共細分為四大類及 9 大關鍵要素(參考表 7-1),有效的商業模式是可以幫助企業開發商品及提供顧客優質的價值服務,並且提供企業成功的基石及企業永續經營的方針,加上商業模式已經是企業的商業趨勢及可持續性,所以企業高層及經營團隊都必須正視商業模式的運作,唯有商業模式的運作才可以真正了解客戶需求及確認企業在市場的定位,幫助企業提供思維框架和提升獲利的持續性。

商業模式除了可以運用在企業中,同樣也可以利用在個人中發展商業模式,利用商業模式可以拆解自己不同的構面,然後利用不同構面認識自己及分析自己。個人和公司一樣,同樣會面臨不同的環境及不可控的經濟因素,所以唯有有效的利用個人商業模式,才能在動盪不安的不確定性下適應環境,及複雜的職場環境中強化自己及改變自己,未來的每一個人都

必須如同企業一樣，在變動的時代中，適應變動的商業模式。

✚ 表7-1：公司商業模式及個人商業模式的九大關鍵要素

（1）KP Key Partnership 關鍵伙伴	（2）KA Key Activities 關鍵活動	（4）VP VALUE Propositions 價值主張	（5）CR Customer Relationship 顧客關係	（7）CS Customer Segment 目標客群
	（3）KR Key Resources 關鍵資源		（6）CH Channels 通路	
（8）CS Cost structure 成本結構				（9）RS Revenue streams 收益流

資料來源：Yves Pigneur（伊夫・比紐赫）及作者自行整理

表 7-1 所呈現的九大關鍵要素或是九大因素，可以再進一步分類後歸納為四大類，這四大類分別是（一）供給導向類（二）價值導向類（三）需求導向類及（四）財務導向類，為讓讀者可以清楚及更深了解，茲將四大類說明如下：

（一）供給導向類

（1）KP（Key Partnership- 關鍵伙伴）：

當企業成長及發展時，企業（公司）必須有適合的合作夥伴，當企業

內員工要為顧客服務及解決問題時，企業內員工必須有適合的工作夥伴，當個人發展時必須有適合的協作夥伴等。因為當企業和員工或是個人在執行客戶關係管理及商業模式時，是同時兼顧客戶服務及客戶服務後所產生的收益流，因此企業在評估上必須考量企業內是否有合適的人才及資源可以使用，在企業外是否有關鍵伙伴（其他公司）可以支援及合作，然後取得共同的效益。員工的關鍵伙伴必須考量部門內的同事及跨部門的同事，或是集團內的關係企業同事的支持及協助，共同一起完成客戶關係管理的事務，至於個人的關鍵伙伴，則是可以幫助你或是和你一起合作共同完成的夥伴。總之，不管是企業、員工或是個人，都必須考量關鍵伙伴的感受及彼此的效益。

（2）KA（Key Activities- 關鍵活動）：

企業為提升企業形象及推動永續經營的關鍵活動，企業內員工為執行提升顧客體驗及提升顧客滿意度所舉辦的關鍵活動，個人發展時為提升個人曝光度及影響力所參與的關鍵活動等。為了提供企業經營成功及員工提供客戶滿意度，或是個人創造出價值，企業及員工或是個人必須採取的關鍵活動，才能完成企業的商業目標及員工客戶關係管理目標，或是個人的人生目標。例如企業的商業目標是為股東創造價值和企業永續經營，員工的客戶關係管理目標是滿足客戶需求及超出客戶服務的期待，至於個人的人生目標是為社會創造貢獻，總之企業及員工或是個人關鍵活動，就是那些你要為企業、顧客或是個人完成及執行的各種實質或心智上的活動，並

且關鍵活動是由關鍵資源所驅動的，換句話說，你所做事情，自然跟「你是誰」有關，舉例來說銀行業的關鍵活動有推動 ESG 發展活動、推動企業永續經營及協助企業排碳等。

（3）KR（Key Resources- 關鍵資源）：

一家企業剛成立或是一家已經成熟的企業想要推廣公司為發展永續經營的公司，所需要的關鍵資源有那些？企業內的員工要促成或是完成該公司為永續經營的公司，企業內的關鍵資源有那些？個人發展時想要成為什麼或是擁有什麼，自己的關鍵資源有那些？公司的關鍵資源有資產及人才，資產可以分為有形資產及無形資產，人才可以分為管理能力及技術開發能力等。

（二）價值導向類

（4）VP（VALUE Propositions- 價值主張）：

王品集團的經營理念及價值主張為「誠實、群力、敏捷、創新」等，至於國泰集團的經營理念及價值主張為「誠信、當責、創新」等。企業內員工之價值主張就是跟隨企業的經營理念及價值主張，至於個人發展時其個人特質、個人態度及個人行為，就可以看出一個人的價值主張，其實個人發展時所提供的價值主張不是用講的、是用做的，總之價值主張除了是

滿足顧客的產品及服務外，企業的價值主張更包括企業生存及永續經營的價值核心，個人的價值主張則為個人的價值觀及道德觀為價值核心。

（三）需求導向類

（5）CR（Customer Relationship- 顧客關係）：

　　企業的形象之樹立、企業的品牌之建立、企業想要爭取新客戶及維繫舊有客戶、企業的市場定位及產品定位、企業所提供的顧客體驗及顧客感受等，就看企業要如何建立顧客關係及深耕顧客關係所做的服務，至於個人的顧客關係就建立在個人的努力及真誠的服務，才能有效的建立個人網絡及個人品牌。

（6）CH（Channels- 通路）：

　　通路是企業（公司）傳達顧客提供產品及服務的管道，也是和顧客所有的接觸點及體驗點，所以企業不管是在線上（行動、網路）或是線下（實體）的所有通路，都希望能滿足顧客的需求與期待，至於企業內的員工在通路的接觸點更要和顧客直接溝通及協助。

（7）CS（Customer Segment- 目標客群）：

目標客層是商業模式圖中最重要的一個關鍵要素，因為當企業（公司）沒有目標客群，即使企業（公司）再好的價值主張，也沒人了解及認同。因此企業（公司）必須了解目標客群是誰，及企業（公司）要為哪些客戶創造價值，所以企業必須透過過去的經驗及大數據分析描述目標顧客的輪廓，另外企業（公司）也可以透過用 STP（Segmentation - 市場區隔，Targeting- 市場目標，Positioning- 市場定位）的分析，幫助企業了解目標客群。至於企業內的員工可以經由大數據分析為客戶提供產品及服務，然後透過直接接觸及直接服務後的客戶，以留下有價值的目標客群。另外個人的目標客群就是能協助你及指導你的師長、長輩及貴人，或是影響你的人。

（四）財務導向類

（8）CS（Cost Structure- 成本結構）：

　　是指營企業（公司）創業過程中或是營運過程中會花費的所有成本，通常當企業（公司）將目標客群、關鍵資源、關鍵伙伴和關鍵活動確定後，企業（公司）的成本結構幾乎也可以確定。一般來說，成本可以分為固定成本和變動成本。企業的固定成本是指不論商品或服務的多寡，都一定會出現的成本，像是機器設備、廣告費、店面租金、員工保險及員工固定的底薪等；至於企業的變動成本則隨著生產量而變動，包含油料費用、員工

薪資的加班費等。至於個人的成本結構則包含充實自己的學習費用（如補習、買書、上課及充電等）、拓展生活圈人脈的費用（如扶輪社、獅子會及青商會等），這些費用的支出，都是可以讓個人知識及人脈增加的方法。

（9）RS（Revenue Streams- 收益流）：

是指企業（公司）將商品及服務提供給顧客後，所得到的收入或是收益流，通常企業（公司）所產生的收益流有很多型態，例如提供商品收入、提供服務的收入、租金、會員費、授權費、佣金等，其產生收益流的商業型態或是商業模式也有很多種方式，如直接銷售、廣告模式銷售及平台模式等。至於個人的收益流包括主要本業的收益流、副業的收益流或是協槓的收益流，個人主業以外的收益流，都是因為個人成本所產生知識及人脈而創造出來的。

案例問題 7-1-1

富品建設股份有限公司，成立於 2017 年，為臺灣台北市危老重建與都市更新的建築公司，董事長曾富瑋於 2011 年投入建築業，從整合重建開始。2017 年成立富品建設，響應政府政策推動都市更新，強調耐震結構及 ESG 永續發展。2022 年獲得國家品牌玉山獎傑出企業領導人，富品建設成立 6 年來，已經完成 15 個開發案，除了一案在嘉義外，其餘都位在雙北地區，為何富品建設能在短短 6 年間開發了 15 個開發案，且積極推動危老及都市更新，對許多建設公司來說都是不願意投入的工作，因為整合住戶的時間較為長且吃力不討好。本案例將透過商業模式探討富品建設高層及經營團隊，如何正視商業模式的運作，利用商業模式的運作，而真正了解客戶需求及確認富品建設在市場的定位，並且讓富品建設品牌形象提高和長期穩健獲利。

Chapter 7 如何利用商業模式執行客戶關係管理

案例討論 7-1- 2

本案例利用商業模式探討富品建設如何在建設業中與眾不同及脫穎而出，其說明如下：

(一) 供給導向類

(1) KP（Key Partnership- 關鍵伙伴）：危老重建過去窒礙難行，於是富品建設董座曾富瑋董事長採取「複合式」創新模式，創舉改變業界，曾

富瑋董事長常說：「富品的特別之處，是將這些利潤拿來與地主分享並讓利給地主，而透過複合式創新合作模式及公開透明化的服務，這樣的理念不斷灌輸給內部顧客（員工），也將理念傳達給外部顧客（地主）。在內部顧客員工的合作下，富品建設在施工品質及地主溝通順暢的運作下，不僅品牌形象上升，客戶滿意度也隨之提高及客戶介紹客戶下，富品建設的案子源源不絕。

(2) KA（Key Activities- 關鍵活動）：落實企業 ESG，攜手台北市危老重建推動師協會，一同邀請同仁、地主及附近居民舉辦捐血。

165

案例討論 7-1-2（續 1）

（3）KR（Key Resources- 關鍵資源）：富品建設緊貼政府都更措施及落實推動政策，並且落實防災型容積獎勵模式，搭配富品獨有的複合式合作方案，將提供更多的關鍵資源回饋給地主，這樣子的回饋就是富品建設提供給地主最好的關鍵資源，也就是為給地主創造最大的價值。

（二）價值導向類

（4）VP（VALUE Propositions- 價值主張）：富品建設以誠信為本、圓滿為準，為其經營理念及價值主張，並且搭配公開透明、平台化服務、VIP客製，滿足眾多地主間的不同需求。

（三）需求導向類

（5）CR（Customer Relationship- 顧客關係）：富品建設董事長從事不動產業務已許多年，並且對於人的觀察及事情的洞悉力特別敏捷，他觀察到雙北的都更相當牛步的主因，多半是因為人的因素及利益的因素，整合建商與地主經常有條件上的分歧，所以造成整合破局。所以負責人創建富品的動機非常明確，就是要提供地主「圓滿」，透過複合式的創新模式，並以委建複合式為主軸，以提供更好的讓利條件，當顧客（地主）感受到公司讓利，顧客才會進一步相信及認同富品建設。

案例討論 7-1-2（續 2）

(6) CH（Channels- 通路）：富品建設以誠信為本、圓滿為準的經營理念及價值主張，並透過複合式的創新模式，以委建複合式為主軸，提供更好的讓利條件給地主，這對待顧客（地主）的顧客關係管理之建立，將有利於顧客關係更維繫更深耕，因此富品建設的價值主張及客戶關係管理建立下，讓富品建設藉由顧客的口碑相傳，這些顧客形成富品建設最大的通路，並讓富品建設才可以一案一案的接案。

(7) CS（Customer Segment- 目標客群）：目標客層是商業模式圖中最重要的一個關鍵要素，由於富品建設是以危老重建及都市更新的建設業，所以目標客群就是準備要危老重建及都市更新的客戶。

（四）財務導向類

(8) CS（Cost Structure- 成本結構）及（9）RS（Revenue Streams- 收益流）：在危老重建及都市更新整合中，所花費的費用及未來整合好蓋房子所產生的收益流。

明確的價值主張是
顧客管理的核心

簡單來說，價值主張是指企業（公司）或是個人，對於顧客所提供的產品或服務，願意為顧客所做出的承諾價值，也是先前商業模式中最不可或缺的要素。因為當顧客還不了解企業（公司）時，顧客只能先從該公司的價值主張認識起，因此當顧客認同該公司的價值主張後，才會使用該公司的產品及服務。例如顧客使用該公司的顧客體驗後非常滿意，代表貴公司的產品及服務達到或是匹配商業模式中的價值主張。作者奧斯瓦爾德（Alex Osterwalder）在價值主張年代一書中提到，協助你針對顧客最重要的任務（jobs）、痛點（pains）、獲益（gains），找出適切對應的價值主張，並設計出可獲利的商業模式。因此價值主張圖不在只是商業模式中重要的一環，因為能從價值主張圖中分析出企業（公司）所提供目前的產品或服務，是否真的能滿足目前顧客描述的需求。例如玉山銀行透過價值主張，希望以顧客需求及服務為核心，於是玉山銀行持續打造新一代「e指申請平台」。希望玉山銀行顧客只需填寫一次資料，即可同時最多完成7項金融業務申請，讓顧客可輕鬆享有玉山優質的數位服務，可以更有效

率的達到企業（玉山）可以穩健的獲利方式，例如（是屬於顧客想要滿足方便型任務），為了讓讀者可以更加了解玉山銀行的價值主張和顧客期待，我們可以參考圖 7-1。

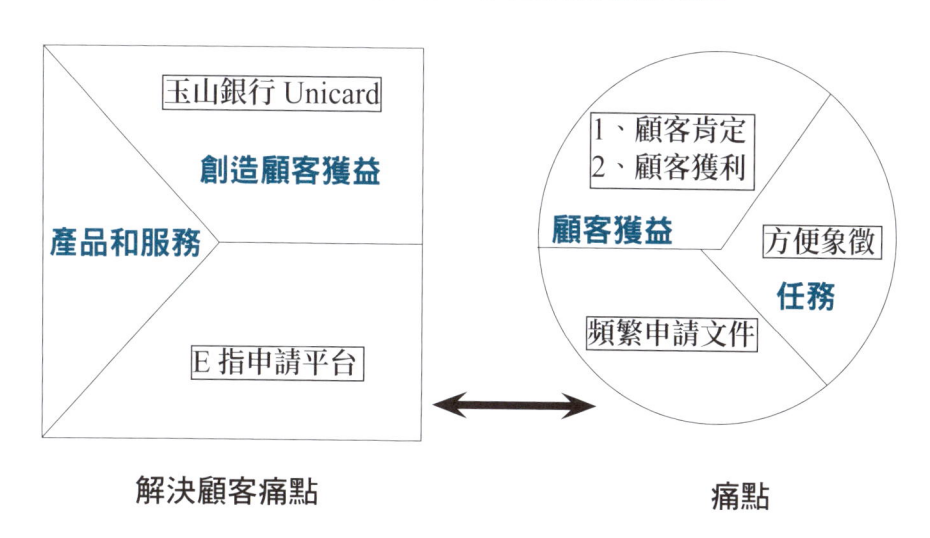

圖7-1：玉山銀行價值主張圖及顧客期待圖

左方（解決顧客痛點）：
- 玉山銀行 Unicard
- 創造顧客獲益
- 產品和服務
- E 指申請平台

右方（痛點）：
- 1、顧客肯定
- 2、顧客獲利
- 顧客獲益
- 方便象徵
- 任務
- 頻繁申請文件

玉山 Unicard 及 e point 點數，是繼國泰及台新銀行之後，又一家權益切換卡和完整點數生態圈建置的銀行。不過，相比之下玉山再進化，首創訂閱制 UP 選方案、不用天天切換，並精選涵蓋多數消費場景百大特色商店，解決顧客常忘記切換、太燒腦的痛點。玉山銀行 E 指申請平台：民眾可依自身需求同時申請多項金融服務或產品，只需一次性的填寫資料、完成線上身分認證，並上傳身分證件與財力證明，即可同時（1）開立台幣帳戶、（2）外幣帳戶、（3）申辦信用卡、（4）個人信用貸款、（5）房

屋貸款、（6）證券帳戶及（7）複委託帳戶，並可自動完成帳戶連結交割，無須重複申請或臨櫃辦理，一站式完成，節省繁瑣、重覆的申請時間，解決日常使用金融服務不便。

案例問題 7-2-1

　　隨著金融業從 Bank 3.0 發展至 4.0，尤其是金融業中的銀行，過去傳統的金融服務不斷創新及尋求轉型契機。未來金融業面對的數位戰略可分為三種模式，分別為銀行即服務（Banking as a Services）、銀行即平台（Banking as a Platform），以及開放銀行模式（Open Banking）。無論採用哪種模式，未來金融業勢必與科技緊密融合，目前已經不同於過去，現在銀行的思維轉變是銀行轉型最大的關鍵，並且銀行應該與客戶共創（co-create）新的金融產景，尤其是銀行必須加快腳步提升用戶體驗，且用戶的反應絕對是關鍵。並且透過實體與虛擬銀行雙向並行，和金融科技公司進行策略性合作，以滿足消費者生活全面的金融服務需求及服務體驗。本單元中舉國泰世華銀行為例，因為國泰世華銀行將在 2025 年啟動為期六年的核心系統現代化計畫，預計投資約 86 億元。其實，早在過去，國泰世華銀行就持續為核心系統現代化做準備，另外身為國內數位金融的領頭羊國泰世華銀行，也透過大數據分析，精準了解客戶的需求與服務，並將顧客抽象的數據轉為國泰世華銀行實際貼心服務，並為每位顧客提供專屬獨一無二的數位金融體驗，將在下個案例中討論回覆。

案例討論 7-2-2

　　國泰世華銀行為提供顧客的期待與超期待，國泰世華銀行做了許多思維的改變及觀念上的創新，這些背後的原因都是為了提升顧客更好的體驗及超出顧客的感受。以下是國泰世華銀行在服務創新上的改變及突破，這些改變及突破都解決顧客許多痛點及不方便點，並且更是提升顧客的權益及利益（刷卡點數優惠），更重要是國泰世華銀行創造不一樣的品牌及和用戶更多在雙向互動的契機，例如國泰世華 CUBE 卡整合許多客戶的權益，另外在搭配 CUBE App 後，顧客的體驗提高了，相對的權益也提高了，其內容說明如下：

（1）從跨產品、跨通路的思維出發：國泰世華銀行打破過去傳統單一產品角度經營的框架及作法，大量利用銀行內之客戶資料做大數據分析，以利更深入了解顧客的需求與服務，然後再利用個人化推薦服務，整合顧客不同產品及通路，然後提供顧客最好的服務及體驗。

（2）國泰世華銀行整合 CUBE 卡：由於國泰世華銀行相繼連丟好市多信用卡及 Sogo 卡，但其結果並沒有造成國泰世華銀行在市場的領導品牌地位，因為國泰世華銀行用 Cube 卡仍能幫國泰世華保住卡王地位，由於國泰世華於 2021 年下半年改變信用卡策略，規畫全新「CUBE 卡」，整合發行量少、結束聯名合約的卡片，並且整合
CUBE APP，加上信用卡是消費者最普遍常使用的金融商品，所以 CUBE 卡提供用戶 4 種權益方案，對應到網購、餐飲、旅遊與日常生活的常用通路，只要持卡再搭配 CUBE App 切換權益方案，在對應的通路就能享有優惠。另外 CUBE 卡主打基本回饋 3% 小樹點，可天天更換權益，並且國泰世華銀行 cube 卡為了卡友在出國旅遊之旅程中的痛點及不方便點（提供趣旅行權益），顧客從 2024 年起，凡是顧客出國旅遊從出發前買機票、訂旅宿，到海外血拼都能一卡搞定，並且能夠讓顧客使用 cube 卡後，顧客享有優越感的象徵及內心的滿足感，是有達到顧客想要的任務。

案例討論 7-2-2（續）

(3) 國泰世華 CUBE APP 讓理財生活更方便及更有智慧：為了提供國泰世華理財客戶可以免除到銀行的不方便性，及掌握金融市場金融交易的即時性，國泰世華銀行提供 CUBE APP 平台讓客戶在理財、外幣換匯、台外幣存款、信用卡、設定定期投資及線上投保等金融交易一站搞定，另外顧客在使用 CUBE APP 金融交易後，國泰世華銀行的 CUBE App 也會即時交易通知，讓顧客可以掌握免刷存摺即時追蹤帳戶動態，以確保顧客金融交易安全。

資料來源：作者自行整理

數位時代的商業模式：
一站式顧客服務（含一條龍服務）

•
•

　　隨著數位時代及商業模式變化的日新月異，「數位轉型」可說是各產業在近年來企業營運及顧客服務整合的重要指標，尤其現在時代浪潮正適逢大數據、AI、自動化及 ChatGPT，數位轉型的商業模式是整體企業轉型策略的關鍵要素，並且真正數位轉型的定義及範圍，是指企業從商業模式、營運流程、顧客體驗、顧客管理與組織文化等各個層面，必須都要和「數位科技」的觀念及實際結合（表 7-2）。

　　什麼是一站式顧客服務？一站式顧客服務就是所有服務的集合與集成。簡單來說，只要客戶有服務需求，一旦進入某個服務或是接觸點時，所有的問題及需求都可以解決，而不需要再找第二家服務。一站式服務在數位服務中使用較為方便及容易發揮的，因為當適逢疫情時或是顧客不方便時，數位工具可以提供客戶一站式服務。例如在疫情時顧客想要買保單提供保障，一份保單的交易過程有保單簽約、保單台幣扣款，台幣開戶及轉帳扣款，這些交易都可以透過銀行數位平台完成。並且在銀行數位平台中完成所有的服務及交易，這個過程的完成也就是所謂的一站式顧客服

務，現在數位金融已經不斷進步，各家銀行都推出專屬的 App，提供顧客更方便的服務，所以顧客再也不必花時間到銀行等待，顧客可以直接開啟銀行 App 就能完成要辦理的事項，及一次完成所有的金融服務，這就是數位時代中的商業模式。

✛ 表7-2：企業在經營構面上和數位科技的結合

經營構面	數位科技的結合
1、商業模式	數位金融的商業模式，將過去傳統金融中的業務，像是支付、借貸、理財、保險等，與現代數位科技相結合，例如網路、手機 APP 等
2、營運流程	企業透過數據化營運、營運 SOP 和數位科技結合，讓企業在營運流程上更為優化及更為順暢，並且在營運管理上要更為效率及敏捷
3、顧客體驗	顧客體驗在數位平台上要整合線上及線下的服務，並且透過大數據分析了解顧客適合何種數位平台體驗，以提供顧客最好的服務及最適合的顧客體驗
4、顧客管理	企業透過數位平台整合及分析顧客數據後，了解企業與客戶的互動過程，進而挖掘維繫顧客關係的關鍵
5、組織文化	公司負責人應該把數位轉型的觀念傳達至全公司的每一位同仁，並重塑企業的組織文化及數位文化，這樣數位轉型才有機會落實及發展

資料來源：作者自行整理

案例問題 7-3-1

現在是科技進步的數位時代，許多傳統產業正面臨轉型的挑戰，「不轉型就關門」是傳統產業界流行的家常話語。因為傳統產業必須要有新思維及新格局，才能將傳統產業的本質及觀念能轉型成功，數位轉型是指透過資料導入數位化技術，經過雲端運算、人工智慧、大數據分析輔以行動應用等方式，協助企業進行經營變革以提升客戶關係管理及經營績效，本案將舉例傳統產業之紡織業國紡企業為案例。成立於 1984 年，國紡企業為台灣首屈一指的黏扣帶（魔鬼氈）專業製造商，案例中國紡企業除了自己數位轉型外，也攜手產業鏈夥伴轉型與升級！讓當時國紡企業黏扣帶（魔鬼氈）躍上紐約 2019 春夏時裝周，並且也於 2019 年在雲林斗六竹圍子工業區購置近八千坪辦公大樓及廠房，打造一座全新智能工廠，並且也引進自動化倉儲設備，本案例將探索國紡企業當時為何轉型，及當時面臨時的困境及必須調整公司的做法，將於下個單元案例討論中說明。

案例討論 7-3-2

近來隨著電商平台數量以及公司業務規模逐年成長，公司所產生的營運成本及人工成本不斷的增加，反而限制了未來公司的業務成長，並且也影響公司轉型的商機與先機，本案例將從公司內部營運的問題開始探討，了解為何公司必須要數位轉型及產業夥伴也一起轉型，才能讓產業鏈彼此營運更壯大來面臨未來挑戰。

（1）營運上耗時： 由於公司必須每天得登入數 10 個電商網站確認訂單、存貨，這種訂單管理方式，必須耗用人工作業而缺乏作業效率，為了解決問題，國紡企業在資策會數位轉型研究所的協助下，引進 AI 技術進行數位轉型，導入機器人流程自動化（以下簡稱 RPA），RPA 可以將「高度重複的人工作業」全面轉型為自動化流程，釋放人才生產力，因此 RPA 流程機器自動去 14 個電商平台蒐集訂單、產品、庫存及會員等資訊，該公司營運上不只作業效率提高 15 倍，且能 24 小時全天候運作。

（2）產業鏈夥伴當時仍然無法面臨數位轉型： 國紡堅信一個人走得快，一群人走得遠，所以國紡總經理戴宏怡以自己企業數位轉型的效益告訴產業鏈夥伴一起轉型，讓彼此一起成長及一起共好，例如併同力泰國際、立大化工、大正刺繡、伸仁紡織以及益村企業社，優化在進料檢驗、生產製造跟產品出貨。

案例討論 7-3-2（續）

（3）一條龍的產品服務尚未整合：國紡企業希望能從整經廠、織布廠、染整廠、定型廠，並和產業鏈夥伴能提供一條龍服務，讓經營績效及經營效率產生出來，但由於公司內的人工無法即時更新庫存資訊並對應安庫量，加上產業鏈夥伴也因過去傳統產業的思維下而一樣仰賴人工作業，所以在總總的相關問題下，一條龍的服務都無法整合而產生綜效，然而在公司及產業鏈夥伴在數位觀念的認同下，而善用資訊化、自動化及智慧化提升客戶滿意度，國紡企業除了整合資源及整合上下游，並且完整及正確的落實提供一條龍服務及服務多元，國紡企業之所以能成長及登上世界舞台，就是因為國紡企業高層認同數位化可以為公司帶來新氣象及新契機，並且攜同產業鏈夥伴一起成長及一起共好，國紡企業的轉型是值得其他傳統產業的學習及參考。

※ 本章重點導覽

1、有效的客戶關係管理是可以利用商業模式執行客戶關係管理，若在先前已經透過大數據分析，是可以讓企業在行銷及業務上，在客戶關係管理上更精準及更有效率。

2、以企業經營的角度及顧客管理的角度來看，企業最終的目的就是獲利才能永續經營，企業的永續經營不是口號而是行動，這行動就是企業在經營顧客關係管理上，必須要有一套完善且成功運作的商業模式。

3、唯有成功的商業模式及落實顧客關係管理，才能讓企業穩定獲利。

4、商業模式是為了讓企業實現資源有效化及價值最大化，讓企業之股東、

顧客、員工及合作夥伴四方都可以滿足，簡單來說商業模式是為了讓企業可以獲利及創造利潤的工具與方法。

5、商業模式除了可以運用在企業中，同樣也可以利用在個人發展的商業模式，利用商業模式可以拆解自己不同的構面，然後利用不同構面認識自己及分析自己，個人和公司一樣，同樣會面臨不同的環境及不可控的經濟因素，所以唯有有效的利用個人商業模式，才能在動盪不安的不確定性下適應環境。

6、價值主張是指企業或是個人對於顧客所提供的產品或服務，願意為顧客所做出的承諾價值，也是先前商業模式最不可或缺的要素。

7、作者奧斯瓦爾德（Alex Osterwalder）在價值主張年代一書中提到，協助你針對顧客最重要任務（jobs）、痛點（pains）、獲益（gains），找出適切對應價值主張，並設計出可獲利的商業模式。

8、價值主張圖不在只是商業模式中重要的一環，因為能從價值主張圖中分析出企業（公司）所提供目前的產品或服務，是否真的能滿足目前顧客描述的需求。

9、隨著數位時代及商業模式變化的日新月異，「數位轉型」可說是各產業在近年來，企業營運及顧客服務整合的重要指標。

10、真正數位轉型的定義及範圍，是指企業從商業模式、營運流程、顧客體驗、顧客管理、與組織文化等各個層面，必須都要和「數位科技」的觀念及實際結合。

11、什麼是一站式顧客服務？一站式顧客服務就是所有服務的集合與集

成。簡單來說，只要客戶有服務需求，一旦進入某個服務或是接觸點時，所有的問題及需求都可以解決，而不需要再找第二家服務。

12、一站式服務在數位服務中，使用較為方便及容易發揮的，因為當適逢疫情時或是顧客不方便時，數位工具可以提供客戶一站式服務。

CHAPTER

如何處理客訴及危機處理

　　現在處於消費意識時代,及資訊爆炸的快速時代,所以消費者在選擇上更多元化,在商品的要求及服務也會更加細緻化。當公司的服務不好時,公司的負面形象及產品的負面印象,很快地就會在社群上傳播。任何產業的服務都不可能沒有抱怨及客訴,所以公司及員工首先要有的服務認知,就是了解客訴是必然的,因此公司必須具備完善的教育訓練,才能降低客訴及提高處理客訴的能力。

　　客訴就是客戶在公司的體驗中所發生的不滿意,如該公司所提供的產品、服務及事前雙方約定的交易條件,不符合買方原先的期望,就會產生買方(顧客)對於賣方(公司)的抱怨及客訴。通常客訴都是因為人或事所產生,所以客訴危機之產生有些是人為因素、有些是意外發生。公司必須建立員工對於優質服務的使命,重視客戶的價值觀,員工有了這樣的理念

及信念，才能做一位服務及客訴處理專家。通常在面對客訴及處理客訴危機時，可以藉由制度化、系統化和效率化的標準系統(SOP)完成，員工在客戶服務的心態及訓練上，必須和客戶建立默契及共識，並有客訴處理的危機意識。公司在軟體及硬體上的支持，不僅能化解員工和顧客間的衝突，更能提升顧客滿意度及忠誠度，建立公司良好的品牌形象並永續經營。

常見的客訴類型

客戶服務原本就是非常要求的項目,若服務不好造成客訴更是具挑戰的項目。在任何產業都會面臨客戶客訴及面對客訴而造成危機的時刻,加上現在的資訊越來越暢通及顧客越來越要求,所以為了提升顧客滿意度及降低客戶客訴的事件,公司或是店家無不費盡腦汁與心思處理客戶不滿意的地方。由於客訴還是常常層出不窮及會使企業(公司)未來商譽及品牌受損,因此如何面對難纏客訴及處理客戶衝突,及公司如何將客戶客訴化為公司重要資產,並且將客訴運用於公司未來商品的改善及企業發展,將成為一項奠定公司成長的基礎及企業未來永續經營。

在高速科技及自媒體高度發展時代中,企業若無法再第一時間掌握和客戶之間衝突及客訴,並妥善運用客訴處理及溝通技巧,將來在社群快速傳播及客戶抱怨客戶的傳播之下,對企業品牌及公司形象將造成非常大的殺傷力,因此客訴的種類及客訴的危機處理,在目前公司服務是非常當務之急的課題。首先當收到客戶之客訴內容或是反應,公司必須馬上快速回應客戶,並且從客戶的客訴內容,予以了解客戶屬於何種客訴的種類,再

從客訴種類予以適當的回應及處理，不同的客訴種類（參考表 8-1），有不同的處理人員及不同的處理方式，公司若能妥善建置客訴分析及處理中心，將有效提供公司形象及品牌印象。

➕ 表8-1：客訴的類型及處理的內容

客訴的類型	處理內容
1 缺乏常識型	若客戶對於商品或是金融知識缺乏時，服務客戶不要用專業用語服務客戶，客戶客訴時更不要用會讓客戶感到羞愧的字眼應對
2 賣弄知識型	若客戶用專業的用語申訴或是挑戰公司時，處理客戶不滿時，要用謙卑及客氣的用語稱讚客戶專業，以讓客戶感受到公司的重視及尊重
3 職業反應型	該群客戶因具有專業知識及熟悉該商品及服務之權益，並且常常反應個人權益受損及服務不週到，所以服務人員處理服務及客訴時，必須受過妥善教育訓練及熟悉客戶權益的專業知識，應對客戶也要妥善客氣回答
4 補償發洩型	該群客戶常常無理取鬧及提出諸多不合理的要求，例如要求公司賠償現金或是贈品，所以處理該客群客戶必須專業及層級較高的主管受理
5 打發時間型	客戶純粹打發時間向公司抱怨，但並不會傷害公司及服務人員，故建議由同一服務人員服務即可

資料來源：作者自行整理

案例問題 8-1-1

作者曾經和朋友在甲銀行討論理財商品，由於朋友具有不動產及相關金融商品專業知識，平常他也有和銀行往來理財和買房的需求，但他也有喜歡賣弄專業知識的習慣，由於甲銀行之 A 理專為朋友剛往來的銀行，並且作者也在 A 理專辦公室看到桌上有許多 A 理專的相關證照及證書，所以在討論商品理財期間，A 理專和朋友討論理財商品時，講了許多專業的術語及深度知識，以彰顯 A 理專的專業術養及理財程度，但 A 理專不知朋友已經具備金融專業知識及理財經驗，所以我朋友有點失去對於理專的耐心及感受，並且告訴該理專都不先聽聽他的感受，及抱怨時理專時告知他自己是專業人士，因此朋友有建議 A 理專在接觸客戶時，必須先聆聽客戶的想法及說法，這樣才能判斷客戶的需求及客戶對於理財的認知程度，後續在下個單元將建議銀行理專應該如何處理較為妥適。

案例討論 8-1-2

當甲銀行之 A 理專在服務朋友及處理朋友客訴時的反應時，應該建議如下：

（1）A 理專應該學會傾聽：A 理專由於剛認識朋友時，應該多聽聽客戶的聲音，及了解作者朋友的背景及個性。初次認識時不需要炫耀自己的專業及素養，並且在客訴時更要學會聆聽及避免用專業術語說服客戶需求，這樣會讓客戶自尊感到受辱。

（2）辨識客戶：必須用心辨識客戶的背景及了解客戶的需求，若無法辨識客戶，不管在服務客戶或是處理客訴時，反而事倍功半。

（3）學會溝通及處理抱怨：銀行理專人員為外勤人員，和客戶接觸及往來較多，由於接觸多就會偶有爭議的風險產生，所以理專人員必須多上溝通及處理抱怨的課程，以利未來爭議的降低及避免。

處理客訴及
危機處理的技巧

該如何讓顧客感到滿意？比起銷售過程中，更重要的是消費者的體驗與售後服務。同樣的客戶若不滿意而產生抱怨及客訴時，此時公司完善的處理客訴及危機處理的技巧是更重於顧客的滿意，俗話說：「好事不出門，壞事傳千里」，閒話的傳播速度是最快的，因此當顧客上前向我們提出不滿意時，我們必須準備好處理客戶抱怨及客訴的正面應對態度（參考表8-2）。首先我們要有同理心且有耐心的聽客戶將抱怨說完，因為聽完客戶將抱怨的話說完，就會聽到他說的「需要」，以及背後他沒有說出來的「想要」。另外在聽客戶客訴及抱怨時，公司的服務人員必須同時要安撫客戶的情緒，因為安撫客戶的情緒會讓客戶感受到被聆聽和重視，例如服務人員回答客戶時，心態上若能拋棄專家姿態，把客戶當成導師，告知客戶我了解你的感受及你的不舒服點時，此時就會讓客戶感受到關懷，並且客戶會更加信任並忠誠於公司的品牌及服務。因此公司在處理客戶抱怨及客訴時，公司的服務人員及主管必須保持對客戶的冷靜應對，保持專業的處理態度，並且打造處理客訴的 SOP，將會降低客戶的負面情緒及負面感受。

總之,服務人員在處理客戶客訴時的應有態度,和用心處理客戶的情緒,將有助成為一位善於安撫客人情緒的專業人士,及提升企業聲譽。

✚ 表8-2:處理客訴及危機處理的技巧

客訴的類型	處理內容
1、展現同理心	要站在客戶立場及感受換位思考,感受到客戶對於公司的商品及服務不滿意,要讓客戶感受重視
2、安撫情緒	當公司遇到顧客抱怨及客訴時,公司除應該在第一時間重視對顧客感受外,首先要務要安撫情緒
3、保持冷靜	無論客戶的抱怨及客訴有多激動,公司服務人員的態度及情緒都要保持冷靜,並且正視客戶需求
4、積極主動	處理客戶抱怨及客訴,要積極主動了解客戶的需求及服務,並且要主動開口詢問客戶的抱怨
5、耐心傾聽	當客戶抱怨及客訴發生的當下,必須有耐心聆聽客人的抱怨及需求
6、面對問題	面對客戶的抱怨及客訴不要害怕,要學會面對問題及了解問題,讓自己學會化危機為轉機
7、解決問題	當面對客戶客訴時,要學會了解客戶客訴的原因,然後針對客戶客訴原因協助客戶解決問題
8、事後追蹤	當客戶客訴案件處理後,應追蹤客戶滿意度及不滿意度,並事後追蹤客戶不滿意及建立個案 SOP

資料來源:作者自行整理

Chapter 8 如何處理客訴及危機處理

案例問題 8-2-1

一位打掃阿姨的故事（證券公司營業員的刁難）

因為作者老婆想買某檔股票故需要證券戶，所以某一天和老婆到某家證券公司開證券戶，由於開戶耗時較長，所以開戶時就看到某一個不好的場景。內容是這樣的，該證券公司資深的營業員，為表示自己是老鳥及是中階主管，所以在某位阿姨打掃時直刁難，例如在打掃該資深營業員座位時，該營業員就用手擦拭自己的桌子，然後舉起手來告訴該阿姨不乾淨，此時阿姨非常委屈一邊重新擦拭一邊掉眼淚，我將場景告訴老婆後，此時我老婆居然想為該打掃阿姨出面客訴，由於作者老婆因個性富有正義感所以當場拒絕開戶，以及要求找該證券公司的最高主管評理，處理過程後最後在該最高主管處理後才圓滿收場，在下個單元將會告訴該主管如何處理善後。

案例討論 8-2-2

該證券最高主管做了以下措施後才平息眾怒（立即展現同理心及安撫作者老婆及打掃阿姨情緒）：

（1）立即安撫作者老婆：該證券公司最高主管立即向作者老婆道歉，並為該事情表達願意負責任處理好，老婆接受道歉後也表達對主管肯定及願意重新開戶支持。

（2）立即向打掃阿姨道歉：證券最高主管為了表達對此事負責，在向作者老婆道歉後，也立即向打掃阿姨致歉。

（3）最高主管及該營業員一起向打掃阿姨道歉：最高主管並沒立即責備該營業員，而是委婉向營業員講道理說明，講完後該營業員表達願意向打掃阿姨致歉，於是最高主管及該營業員在許多顧客面前向打掃阿姨致歉，打掃阿姨也欣然接受。

客戶客訴要分級管理

公司除了要建立完善的客訴 SOP 及客訴處理技巧外，針對客戶的抱怨及客訴更要學會分級管理，才可提升公司服務效率，及降低公司面臨客戶客訴風險，當公司建立分級管理後，若公司遇到客戶抱怨及客訴時，公司必須依照客訴分級管理快速處理及充分授權，因此公司必須提供各層級服務人員及主管的權限及管理辦法，才能有效立即和客戶溝通及提出有效解決方案。

當公司建立完善的客訴 SOP 及客訴分級管理後（表 8-3），並且要建立通報層級，另外公司與員工也必須要有重視顧客抱怨及加強客戶關係管理的認知及共識，並且要有改變對顧客抱怨而心存恐懼的心態及想法，一旦建立對待顧客的正面心態後，員工的服務態度及服務效率將不斷的提升，顧客也會因為公司及員工對抱怨的積極處理作為下，從抱怨與客訴的心態及做法，改變成對公司形象的提高及公司忠誠度的提升。

雖然公司及員工在服務共識及客訴正面的積極處理下，客戶的抱怨及客訴已經不斷的減少，但對於客戶之客訴案件處理完成後，仍應追蹤客戶

的滿意度，以利了解客戶的問題是否改善，並也要針對特殊個案及問題進行研究，另外也要將公司及員工處理後的經驗，建立完善的 SOP 及個案分享，以利後續其他員工可以討論演練及經驗傳承。

✚ 表8-3：客訴分級管理

客訴分級管理程序	內容
1、客訴原因	客訴發生後，最重要是要找出客訴的原因，是人的問題還是事情的問題，問題釐清後才好處理客訴的問題
2、客訴分級	當找出客訴原因後，必須將客戶之客訴原因嚴重性予以分類及分級，分類及分級後之授權人員必須要馬上即時回應客戶，讓顧客受到重視
3、通報層級	首先公司必須建立完善通報制度，當客訴發生後，必須要馬上通報，通報之層級需照客訴之嚴重性層層通報，讓公司及員工重視顧客權益
4、分級處理	當客訴受理及客訴分級後，除必須主動聯繫客戶外，也必須按不同客訴等級逐案紀錄處理聯絡過程，以完整了解客戶在不同等級相關回饋
5、事後追蹤	除了建立該案客訴分類後，也必須追蹤評鑑抱怨之處理
6、建立 SOP	必須要建立專屬檔案及 SOP 程序，並分享客訴處理經驗及處理客訴之通識教材

資料來源：作者自行整理

案例問題 8-3-1

一位中年婦女辦理旅行支票（該銀行主管按照一般規定處理，但因未具有同理心而造成該銀行被客訴。）

作者因和家人要到日本旅遊，所以某一天到 B 銀行辦理換取日幣現鈔，辦理時發現旁邊有一位中年婦女正在與該銀行之行員爭吵。內容是這樣的，該中年婦女想要辦理旅行支票，但行員告知銀行已經在銀行網站上面公告，某一國之旅行支票暫不受理，但因為中年婦女平常很少到銀行網站看公告訊息，所以請求銀行行員提供協助，但行員似乎因為太忙碌而僅說不了解及不知道回應，但因為中年婦女急需當天協助，所以講話口氣也慢慢不太好，最後爭吵到該行員的下一層主管處理，結果下一層主管講話同該行員回應一樣，甚至回應若該中年婦女爭吵不斷要報警，此時該婦女更加生氣而大吵，並且旁邊也有許多顧客支持，這時突然出現一位該分行最高主管處理，最後在他的誠意中落幕，該主管做了什麼，下個單元將會告訴讀者如何有效的客訴分級處理。

案例討論 8-3-2

該銀行最高主管做了以下措施後才平息眾怒（按照客訴分級管理有效處理客訴）：

（1）有效通報： 客戶客訴時都必須有效通報，客戶客訴在第一層及第二層皆無法有效處理，最後通報到到第三層，才由該分行最高主管有效處理客訴，但最主要仍是處理人員的心態及耐心。

（2）分級處理： 每一個層級均有不同的分級處理及授權方式，該分行最高主管有最高的權限及費用減免，但由於該客訴不涉及費用減免，但是最高主管卻是願意主動協助，開車送該中年婦女到台灣銀行兌換旅行支票。

（3）額外處理： 由於該申訴案件無涉及最高主管權限使用，但是該主管除願意主動協助開車送該中年婦女到台灣銀行兌換旅行支票外，更願意支付該中年婦女於台灣銀行兌換旅行支票的費用支出。

處理客訴及危機前
必須要了解的工作態度

-
-

　　現在各個產業或是各個行業在顧客服務細節上若是疏忽，或是在顧客服務流程上不夠順暢，都可能會因此造成顧客不好的體驗，而失去已經維持長久的顧客關係。因為在這個資訊爆炸及資訊快速傳播的時代中，如果公司或是員工在服務上一次不小心得罪客戶，或是讓客戶在體驗上或是感受上不舒服，就可能造成成千上百萬的顧客離公司而去。因為顧客不好的感受會很快就會傳播出去，畢竟一次成功贏得一位客戶，但是一次疏忽會失去全部的客戶，足見服務沒有最好，只有更好。並且公司及員工的服務品質，必須始終如一及盯好每一個細節，使公司及員工在顧客服務流程上，都能超越顧客的期待及滿足顧客的需求。

　　公司或是員工倘若在對待顧客能如同對待家人一般的態度，並且將每位顧客都當作熟客及以顧客為中心的理念，如此員工將具有最重要的顧客心態，在顧客服務上都能讓顧客易懂、容易學和容易用。基於公司員工這樣的服務熱誠及服務誠懇，都能讓公司的員工成為服務專家。另外顧客即使在公司非常重視服務的細節和流程，仍會有少數不滿意者，即使仍有不

滿意者，但公司員工因在處理客訴及危機前（表 8-4）就已具備良好工作態度，相信顧客的抱怨或是客訴都會減少，因為員工除了服務專家外，更是處理客訴專家。

✚ 表8-4：處理客訴及危機必須要了解的態度

客訴的類型	處理內容
1、服務品質必須始終如一	優異的客戶服務就能為公司建立品牌與形象，所謂優異就是服務品質始終如一
2、一次疏忽可能失去所有客戶	公司與客戶的每個接觸點上，都有可能造成服務的失誤，若輕者可能造成顧客流失甚至影響商譽及失去所有的客戶，因此不能輕忽所有服務的細節及流程
3、找出客戶抱怨及客訴的原因	無論客戶情緒及抱怨有多激動，公司及服務人員必須保持冷靜及聆聽
4、眼前的顧客就是當務之急	在服務顧客當下最重要的事情，就是立刻滿足顧客的需求，及關注顧客所想要達成的感受
5、如何成為服務及客訴專家	必須要建立具備顧客導向的服務精神及理念，及對於顧客抱怨及客訴異議處理的正確觀念

資料來源：作者自行整理

Chapter 8 如何處理客訴及危機處理

案例討論 8-4-1

一位老年人投資的無助（該銀行理專沒有考慮老年人的需求，客訴時也是應付處理。）

作者之舅舅平常就有投資的習慣，即使年到 70 歲也是投資經一堆。作者最近看到舅舅心情不好及談話變少，經過詢問後才知道舅舅因銀行理專配置積極型的投資而賠了不少，舅舅事後找理專詢問，但該銀行理專卻是避而不見及敷衍應付，舅舅兒子及女兒堅持找該銀行理專理論及提出申訴，最後在該銀行總行協助下才圓滿落幕。相信還有許多老年的投資客戶在不適合的理專建議下，投資不應該的理財商品及敷衍應付老年人的訴求及客訴。服務的態度在投資前及投資後不一樣，投資前均熱心積極要老年人投資商品，投資後失利卻是避不見面，服務品質在前後都不一致，並且眼前的顧客理專沒有當作當務之急，理專這樣的服務方式，的確會讓客戶流失，後續在下個單元看銀行總行如何處理。

案例討論 8-4-2

銀行總行處理（處理客訴及危機處理的態度）：

（1）讓服務品質一致： 銀行總行各部門（包括客服、法務及理財等部門，積極與舅舅及子女溝通及處理）。

（2）擔心銀行一次疏忽影響銀行的商譽： 該銀行總行經過和舅舅及舅舅子女討論後，發現理專的確在理財商品上，對於舅舅的投資配置並不適合，所以願意針對舅舅投資虧損的部分理賠，並且向舅舅及子女誠意致歉，因為會擔心舅舅會將銀行的疏忽擴大影響。

（3）眼前的顧客就是當務之急： 銀行總行各部門擔心此次會影響銀行商譽，所以在和舅舅處理中都當作當務之急，且有效的處理及面對。

※ 本章重點導覽

1、由於現階段的消費者處於消費意識時代，及資訊處於資訊爆炸及資訊傳播的快速時代，所以消費者在選擇上更多元化，在商品要求上及服務上也會更加細緻化。

2、任何產業的服務都不可能百分之百沒有抱怨及沒有客訴，所以首先公司及員工都必須要有服務的認知，就是客戶的客訴是必然的。

3、公司必須建立員工對於優質服務的使命，重視客戶的價值觀。

4、公司員工在客戶服務的心態上及訓練上，也必須建立和客戶的默契及共識，及客訴處理的危機意識。

5、客訴的種類及客訴的危機處理，在目前公司服務是非常當務之急的課題。

6、公司若能妥善建置客訴分析及處理中心，將有效提供公司形象及品牌印象。

7、公司的服務人員及主管必須保持對客戶的冷靜應對和專業的處理態度，並且打造處理客訴的 SOP，將會降低客戶的負面情緒及負面感受。

8、公司除了要建立完善的客訴 SOP 及客訴處理技巧外，針對客戶的抱怨及客訴更要學會分級管理，才能提升公司服務效率，及降低公司面臨客戶客訴風險。

9、當公司建立完善的客訴 SOP 及客訴分級管理後，也要建立通報層級，另外公司與員工也必須要有重視顧客抱怨及加強客戶關係管理的認知及共

識。

10、對於客戶之客訴案件處理完成後,公司仍應追蹤客戶的滿意度,以利了解客戶的問題是否改善,也要針對特殊個案及問題進行研究。

11、現在各個產業或是各個行業,在顧客服務細節上若是疏忽,或是在顧客服務流程上不夠順暢,都可能會因此造成顧客不好的體驗,而失去已經維持長久的顧客關係。

12、一次成功贏得一位客戶,但是一次疏忽會失去全部的客戶,足見服務沒有最好,只有更好,而且公司及員工的服務品質必須始終如一及盯好每一個細節。

13、公司或是員工倘若在對待顧客能如同對待家人一般的態度,將每位顧客都當作熟客及以顧客為中心,如此員工將具有最重要的眼前顧客之心態。

Orange Money 15

一生都受用的客戶經營學
教你如何精準抓住顧客心理

作者：劉教授

出版發行

橙實文化有限公司 CHENG SHI Publishing Co., Ltd
粉絲團 https://www.facebook.com/OrangeStylish/
MAIL: orangestylish@gmail.com

作　　者	劉教授
總 編 輯	于筱芬
副總編輯	謝穎昇
業務經理	陳順龍
美術設計	點點設計
製版／印刷／裝訂	皇甫彩藝印刷股份有限公司

編輯中心

ADD ／320桃園市中壢區山東路588巷68弄17號
No. 17, Aly. 68, Ln. 588, Shandong Rd., Zhongli
Dist., Taoyuan City 320014, Taiwan (R.O.C.)
TEL ／（886）3-381-1618　FAX ／（886）3-381-1620

全球總經銷

聯合發行股份有限公司
ADD ／新北市新店區寶橋路 235 巷弄 6 弄 6 號 2 樓
TEL ／（886）2-2917-8022　FAX ／（886）2-2915-8614

初版日期 2025 年 3 月